高职高专规划教材

蔬菜种子生产技术

—— 陈杏禹　钱庆华　主编

SHUCAI ZHONGZI
SHENGCHAN JISHU

化学工业出版社

·北京·

本书作为高职高专植物生产类专业课——蔬菜种子生产技术的配套教材，在介绍我国蔬菜种子生产概况，蔬菜种子生产的基础知识和基本技术的基础上，详细介绍了瓜类、茄果类、白菜类以及其他常见蔬菜的常规种子生产技术，杂交制种技术以及蔬菜种子的加工、贮藏和检验技术，内容精练、实用。

本书可作为高职高专、本科院校、职业技术学院、成人教育、五年制高职植物生产类专业教学用书，也可供相关行业、企业生产技术人员参考。

图书在版编目（CIP）数据

蔬菜种子生产技术/陈杏禹，钱庆华主编. —北京：化学工业出版社，2011.6（2025.9 重印）
高职高专规划教材
ISBN 978-7-122-11273-6

Ⅰ. 蔬… Ⅱ. ①陈…②钱… Ⅲ. 蔬菜-作物育种
Ⅳ. S630.38

中国版本图书馆 CIP 数据核字（2011）第 088370 号

责任编辑：刘　军　　　　文字编辑：谢蓉蓉
责任校对：宋　玮　　　　装帧设计：张　辉

出版发行：化学工业出版社（北京市东城区青年湖南街 13 号　邮政编码 100011）
印　　装：北京科印技术咨询服务有限公司数码印刷分部
710mm×1000mm　1/16　印张 10½　字数 200 千字　2025 年 9 月北京第 1 版第 6 次印刷

购书咨询：010-64518888　　　　售后服务：010-64518899
网　　址：http://www.cip.com.cn
凡购买本书，如有缺损质量问题，本社销售中心负责调换。

定　　价：29.00 元

《蔬菜种子生产技术》编写人员名单

主　　编　陈杏禹　钱庆华

副 主 编　张文新　董晓涛　张荣风

编写人员　（按姓名汉语拼音排序）

陈杏禹　迟淑娟　董晓涛　付政文

钱庆华　邢　宇　于　泽　张荣风

张文新

行业顾问　程　宇

前言

种子是蔬菜生产中重要的农业生产资料，优良的品种和优质的种子是实现蔬菜生产“两高一优”的基础。蔬菜种子生产也称良种繁育，就是按照科学、规范、严格的生产技术标准，生产出符合国家质量标准的优质种子应用于生产。我国是世界上最大的蔬菜种子繁育基地，蔬菜种子生产是农民致富的一条重要途径。但蔬菜种类繁多，种子繁育技术复杂，因此，需要一大批懂技术、会管理的技术人员指导农民进行种子生产。本书既可作为高职高专植物生产类专业的课程教材，也可作为相关行业、企业生产技术人员的参考用书。

本书共分为八章，包括蔬菜种子生产概述，种子生产的基础知识与基本技术、瓜类蔬菜种子生产技术、茄果类蔬菜种子生产技术、白菜类种子生产技术以及其他蔬菜种子生产技术和种子加工贮藏与检验等内容。本书的编写，结合当前常见的蔬菜种子生产情况，以蔬菜种子生产技术标准为主，并加入种子加工贮藏与检验技术基础，力求使读者更好地理解、掌握和应用先进的、实用的蔬菜种子生产技术。本书语言通俗易懂、言简意赅；内容由易到难，深入浅出，插图形象生动，辅助性强，课外阅读资料丰富多彩。力求做到标准规范的同时突出了实用性、针对性、先进性和指导性，真正做到贴进农业生产实际、满足农民实际需要。

由于编者知识水平有限，疏漏和不足之处在所难免，恳请各位同行、广大农民技术员朋友在使用过程中提出宝贵意见，以便进一步修改完善。本书在编写过程中参考了有关单位和学者的文献资料，在此一并表示感谢。

编者

2011 年 4 月

目录

第一章 概 述

目的要求 了解我国蔬菜种业的发展现状，熟悉蔬菜种子工作的内容、任务、特点和重要意义，掌握蔬菜品种的相关概念及蔬菜种子生产的重要意义。

知识要点 蔬菜品种的概念和类型；良种的含义；蔬菜种子生产的内容和任务；国内外蔬菜种子生产和经营概况。

技能要点 能正确区分蔬菜种类、品种的概念；了解常规品种和杂交种的主要区别。

改革开放以来，以设施蔬菜为代表的蔬菜产业蓬勃发展，使得我国蔬菜总产量和人均鲜菜占有量稳居世界第一位。在国内蔬菜市场数量充足、品种多样、均衡供应的前提下，蔬菜还成为重要的出口产品，每年大量出口创汇，在平衡农产品贸易逆差发挥重要作用。蔬菜产业发展带动了蔬菜种子产业科技进步，在蔬菜品种选育、种子生产、贮藏、检验及营销网络建设和名牌的创立等各个方面均取得重大进展。

一、基本概念

1. 蔬菜品种的概念

(1) 品种 品种是人类在一定的生态条件和经济条件下，根据人类需要，通过选择、杂交、诱变等方法育成的，具有一定经济价值的某种栽培植物的群体。一个品种应具备特异性、一致性和稳定性三个特性。特异性是指一个品种必须具有一个以上的形态、生理或其他特性可以与已知的所有品种相区分；一致性要求品种内个体间的特异性状和主要经济性状表现一致；稳定性是指一个品种经过繁殖后其特异性和一致性保持不变。品种并非植物学分类中的单位，而是栽培植物在生产上的类别，是一种重要的农业生产资料。

(2) 品系 品系是品种的分支，同一品种的各品系，都具备原品种的特征和特性，但有一两个主要的或几个次要的特征和特性有差别。所以，在栽培技术上也有差别，因此，有时也把它们称为品种。在育种上，品系是品种的前身。单株繁殖的后代，称为株系；自交数代后性状相当稳定的后代，称为纯系；纯系内的后代，称为自交系；纯系外杂交的后代，称为杂交系。所有这些，都可称为品系。品系选育成功后，经过审定，认为在生产上可以推广应用时，就称为品种。

（3）优良品种　优良品种是指能够比较充分地利用自然、栽培环境中的有利条件，避免或减轻不利因素的影响，并能有效地解决生产上的一些特殊问题，表现为高产、稳产、优质、低消耗、抗逆性强、适应性好，在生产上有其推广价值，能获得较高的经济效益的品种。优良品种是一个相对的概念。优良品种的利用具有地域性和时间性。地域性指在一定自然环境和栽培条件下表现优良，但超出一定范围就不一定表现优良；时间性则指优良品种使用若干年后不能适合人类的需要或自然环境和栽培条件。因此，要及时培育新品种，替换老品种，充分发挥优良品种的增产作用。

2. 蔬菜品种的类型

（1）按后代的性状稳定性划分

① 定型品种　由于其群体内各个体的基因型基本为同质结合，故性状可稳定地遗传给后代，可自交留种。这是通过常规育种方法育成的品种或地方品种，因此又称为常规品种。此类品种繁种较容易。

② F_1 代杂种　通过亲本的选育、选配及采用一定的杂交制种技术，将不同的亲本杂交产生的子一代应用于生产的品种，且只能利用一代。此类品种制种技术复杂。

③ 无性系品种　通过营养器官繁殖保持的品种称为无性系品种，如马铃薯、山药等，如图 1-1 所示。无性系品种繁殖中要注意防止繁殖材料带病，特别是病毒病，并注意有无突变的发生。

图 1-1　无性繁殖的马铃薯种薯

（2）按品种的来源划分

① 地方品种　又称农家品种，是农业生产上出现的品种，栽培历史悠久，纯度较差，是重要的种质资源。目前一些栽培面积较小的蔬菜种类，如南瓜、茴香等多是地方品种。在繁种时应注意提纯复壮。

② 育成品种　按照一定的育种目标，采用不同的育种途径，选择培育而成的。此类品种纯度较高。

3. 蔬菜品种的产生途径

（1）品种资源调查　对当地地方品种进行调查、搜集和整理，从中发现一些在当地表现好而未推广应用的品种。

（2）引种　根据当地生产需要，从外地引进新的优良品种，经过试种，筛选出适合当地栽培，且表现优于当地主栽品种的过程。

（3）选种　从现有的品种群体内选择自然产生的优良变异个体，经过选育程序获得显著优于原品种的新品种过程。

（4）育种　利用育种材料，通过杂交、自交、回交、人工诱变、现代生物技术等手段获得优良品种的过程。

二、蔬菜种子工作的特点和任务

1. 蔬菜种子工作的重要意义

蔬菜种子生产又称良种繁育。所谓良种包括两方面含义：一是优良品种，即种子具有优良品种的特征特性，且遗传性好、产量高；二是优质种子，即种子的质量好，表现为纯度高、净度高、水分含量低、健康无病虫害、播种后发芽快、出苗整齐的种子。它是蔬菜作物获得优质高产的内在因素。

现代蔬菜生产需要一系列的投入，如种子、肥料、农药、灌溉、薄膜及劳动力等。在这些投入中，种子所占比例最小，但发挥的作用却最大。其他投入能否发挥其效益，从根本上取决于种子的质量。质量低劣的种子不仅会造成其他投入的浪费，而且将耽误农时，影响市场供应。国际上已提出"一粒种子将改变世界"、"谁控制种子谁就能控制世界"的说法，可见，种子在现代社会中的重要地位。现代蔬菜生产正在向专业化和商品化生产方向发展，亟需适应于不同栽培方式、不同用途需要的各种类型的优良品种，并要求有相应品种的优质种子供给生产的需要。我国自然条件优越，种质资源丰富，劳动力充足，具有发展种子生产的良好条件。在未来的种子工作中，应充分发挥和利用这些条件，立足国内，面向世界，以新品种选育带动良种种子生产，使种子业在我国蔬菜生产中发挥更大的作用。

2. 蔬菜种子生产的特点

蔬菜种子工作包括一系列复杂的工作过程，而种子生产是其关键环节，是完成良种繁育任务的基础工作，了解蔬菜种子的生产特点，将有利于良种繁育任务更好地完成。蔬菜种子生产具有以下特点。

（1）种类和品种繁多　目前，农业生产中栽培的蔬菜种类约200种，每个种类又包括许多亚种、变种，每个变种又有若干个品种，要做到保质保量满足用种者的需要，必须做大量繁重的工作。

（2）生产周期长　有的蔬菜当年可采到种子，有的蔬菜则要2年，有的甚至到第3年才能采到种子。同时多数蔬菜营养面积大，且多为异花授粉，多次收获，种果多汁易烂因而要求较高的采种技术和较多的设备及劳力。

（3）品种更新更换快　随着蔬菜产业的发展，对品种的要求不断变化，新品种层出不穷，做好蔬菜种子工作就要及时掌握新品种的采种技术，同时要有优良的原种供应。

（4）集约化程度高，技术性强　在种子生产中除要求植株生长良好外，还要对选择、隔离、采收等采取一定的规程和技术，才能获得质优量多的种子。即高投入、高产值。

（5）蔬菜种子用途单一　绝大多数蔬菜种子除了作种子外没有其他用途，故一旦种子积压或失去种用价值，都将造成巨大的经济损失。因此必须加强种子生产的计划性，才能达到产销平衡。

3. 蔬菜种子工作的内容和任务

蔬菜种子工作的中心任务是通过生产和发放良种，满足蔬菜生产的需要，使蔬菜生产达到优质、高产和高效益的目的。简言之，蔬菜种子生产的基本任务是种子数量充足，质量可靠。围绕这一中心任务，蔬菜种子工作应包括以下各方面内容。

（1）品种的评价与审定　即对新育成的蔬菜品种给予客观的科学评价，以确定其是否可以推广和能在多大的范围内推广。为达到这一目的，须有组织地进行连续2～3年的区域试验和生产试验。品种试验及其评定工作应由法定的权威机构如国家、省、市品种审定委员会等领导和组织进行。经过审定、命名的新品种由政府法定机构公开发布后，方可在适应地区的生产上大规模应用推广。

（2）优良品种的快速繁殖　尽可能快速地将新育成的优良品种扩大繁殖、推广，以应用于生产。

（3）种子加工　包括种子的清选、干燥、分级、包装、贮藏及运输等工作环节。

（4）种子质量控制　主要指种子的品质检验工作，包括种子的品种纯度检验和播种品质检验等。科学的质量控制可以向生产者提供优良的种子，从而保证蔬菜生产不至由于种子的质量问题而遭受损失。种子的质量控制还涉及到种子的立法和签证等工作。只有根据相应的种子法规来明确育种者、种子生产者和种子消费者的责任与义务，维护各方的利益，使整个种子工作依法实施，并对所有种子经过严格检验后才签证发放、准予销售，才能够防止“以次充好、以假乱真”等危害种子工作和蔬菜生产的不法行为，从而确保向生产者提供真正的良种。

（5）种子检疫与健康测定　检疫是杜绝外来品种种子带来有害生物侵染的有效措施。现已查明我国一些蔬菜新病害的流行与蔓延与从国外引种未进行严格检疫有关。健康测定主要是指对作物种子病害的检测与防治，它对确保健康良种种子的供应也是不可缺少的。

（6）种子的推广　包括种子的管理、经营、销售等工作。种子推广工作是种子工作中不可分割的重要环节，它关系到优良种子能在多大范围内和多大程度上发挥其本该发挥的效益，并通过利润等因素直接影响着育种者、种子生产者和消费者等各方的利益和积极性。

三、我国蔬菜种业发展概况

1. 我国蔬菜种子工作的发展历程

我国栽培蔬菜历史悠久，劳动人民在长期生产实践中，在品种选育、良种繁育及种子处理方面积累了丰富的经验，形成了大量有特色的蔬菜农家品种。另外，我国具有复杂多样的自然环境，种质资源极为丰富，对中国的蔬菜生产和蔬菜品种改良发挥了重要作用，而且对世界蔬菜育种及蔬菜生产也发挥了重要作用。但我国现代种子科学工作开展的历史不长。20 世纪 40 年代只有少数高校和农事实验从事蔬菜科研工作。自新中国成立以来，蔬菜种子工作的发展大体经历了以下几个阶段。

新中国成立初期，生产上采用的品种主要是地方农家品种。菜农大多是家家种菜、户户留种。留种的数量有限，加之留种技术的限制和病虫害等不良条件的影响，往往造成种子数量不足、质量低劣，无法满足生产之需。1958 年，农业部提出了我国第一个种子工作方针，即“每个农业社都要自繁、自选、自留、自用，辅之以国家必要调剂”的“四自一辅方针”。在该方针指导下，我国种子工作有了较大的发展。在贯彻“四自一辅”方针过程中，对种子杂乱现象有一定程度的改善，但种子工作仍然是多层次、多中心的，缺乏专业技术指导，也无种子加工、贮藏的专门设施，种子生产仍谈不上专业化、标准化，因而种子质量仍得不到保证。

1976 年以后，我国农业科技有了较大的发展。“四自一辅”的种子工作方针已不能适应生产力发展和改革的需要。1978 年，国务院批转了原农林部《关于加强种子工作的报告》，并提出了“种子生产布局区域化、种子生产专业化、种子加工机械化、种子质量标准化”的“四化”方针。农业部和各省、市、县（区）根据国务院的布置先后成立了种子公司，把我国种子工作推向了新阶段。此后全国各地在建立种子繁育基地、机械加工、质量检验和种质资源开发、修建种质库等方面都取得了显著成绩。1983 年，国家正式颁布《种子检验规程》，1984 年颁布《种子分级标准》，1989 年正式颁布《中华人民共和国种子管理条例》，这些法规的颁布和执行，使我国种质资源管理、种子选育与审定、种子生产、种子经营、种子检验检疫、种子贮备与发放等工作均有了切实可依的指南，为实现种子工作的“四化”方针起到了极为重要的指导和促进作用。

2. 我国蔬菜种子产业的发展现状

（1）我国蔬菜种子生产的优势　与其他农业发达国家相比较，我国的蔬菜种子生产具有绝对的优势，主要表现在以下几方面。

① 自然条件优越　我国地域辽阔，跨越的纬度和经度大，适种蔬菜范围广，可供蔬菜制种地区的选择余地大，且山区、丘陵多，天然隔离条件好。有些蔬菜如茄果类、西瓜类等还可利用粮食作物如玉米的隔离种植带制种。另外，不同纬度的制种基地所生产的种子上市时间不同，通过合理安排不同品种种子上市时间和数量，可调节库存种子品种和数量，或减少种子积压，或避免种子缺口。

② 生产成本低　主要体现在耕地租金低廉，劳动力价格便宜，仅相当于发达国家的 10%，适合发展劳动密集型的蔬菜制种产业。

③ 农民生产经验丰富　经过多年的种子生产实践，许多年轻农民熟练掌握了蔬菜制种技术，并积累了丰富的生产管理经验。

④ 政策支持　各级政府从政策上扶植蔬菜种子生产，并积极支持为美国、日本、韩国等国家种子集团公司代繁蔬菜种子。

(2) 初步形成专业蔬菜制种基地　经过各方多年努力，许多蔬菜种子生产已初步形成较为规范的专业制种基地。如茄果类蔬菜主要在华南的海南省三亚市，华东的江苏省徐州市，华北的山西省原平、忻州，西北的甘肃省酒泉、张掖，东北的辽宁省本溪、盖县等；黄瓜主要在山东省宁阳和辽宁省本溪；西甜瓜主要在新疆、甘肃、山西等地；大白菜主要在山东省和山西省；萝卜、菜薹主要在四川省攀枝花、河北省张家口、辽宁省葫芦岛和内蒙古；甘蓝在山西省运城、河北省邢台；菜豆在内蒙古和甘肃省；豇豆在辽宁省新民和江西省永丰等。

(3) 蔬菜种子生产的管理模式　目前蔬菜种子生产管理方式主要有五种：一是办事处＋农户的管理方式；二是公司＋农户的管理方式；三是政府＋农户的管理方式；四是公司与当地农场、园艺场签订制种合同，当地的农场、园艺场直接组织生产；五是与当地的科技示范户、致富能人、制种大户直接签订合同，由他们组织生产。第一种和第五种两种方式的生产成本相对较低，但抗风险能力差，一旦生产的种子质量不合格，对方无法承担经济损失；第二～四种生产方式签订的制种合同价格相对较高，但对方能够与公司一起承担风险。

(4) 蔬菜种子的经营模式　目前我国蔬菜种子经营市场化程度较高，包括四种情况：一是各级政府下属的种子公司；二是私营种子企业；三是各级政府下属的蔬菜研究所；四是国外种子公司。私营种子企业以家庭为单位，经营灵活、人员精干，但资金短缺，技术力量不足，往往以经营低价格的常规品种和经销大公司的产品为主。种子公司有多年的经营管理经验，在全国有较健全的销售网络、资金雄厚，但技术力量欠缺，以经营中档蔬菜种子和做大公司的代理为主。蔬菜研究所由于没有经营管理经验，资金短缺，但技术力量雄厚，所以主要是以经营自己选育的高档的蔬菜新品种为主。国外种子公司经营管理经验丰富、资金雄厚、技术力量强，多以经营高档蔬菜种子为主。总之，各种种子生产经营机构群雄割据，各霸一方，打破了国营种子公司一统天下、域内繁供、条块分割、官方调剂的传统格局。生产区域化、专业化、营销全国化、利润平均化、育繁加销一体化，正在向少数拥有自主知识产权的科研开发单位和上市公司集中，一二级分销体系正逐步形成，供种的季节性越来越不明显，行业内的竞争和自我约束正向良性发展，2000 年 12 月 1 日我国正式颁布实施《中华人民共和国种子法》（以下简称《种子法》），使得种业竞争的宏观环境大大改善。

3. 我国蔬菜种子产业存在的问题

(1) 育繁加销，基础薄弱。表现在育种科研投入极少。国家级项目每年的投入只有 100 万元左右，繁种（原原种、原种、生产种）基地建设长期以来投入较少，因而基本条件较差，加之蔬菜种类繁多，技术条件要求高，很难适应农业结构调整和应对 WTO 的挑战。

（2）市场规模小，市场管理有待加强。我国种业是国家较早放开的市场，因而较早地形成了市场竞争，由于多渠道、多部门、各种方式参与市场竞争，加之蔬菜种类繁多，从而形成了大大小小的蔬菜种子商店、种子公司和科研开发实体，而真正上规模、上档次、上水平的大公司和实体不多。尽管全国蔬菜种子的经营量是世界第一，但市值不大，利润更少。全国 10 家经营较好的蔬菜种子经营实体，经营种子量是美国的 10 倍，而利润只有美国 Seminis 公司的 1/10，这就很难有足够的利润去加强长远的战略性、基础性研究，也很难抵御外来竞争。造成这种局面的原因，一是没有实力的小公司太多，以次充好，从中渔利，削弱了有实力的大公司的竞争优势；二是知识产权保护不够，小公司采取偷亲本、套购良种、仿制包装等不法手段，欺骗农民，搅乱市场；三是质量监督体系不健全。只有从品种审定（登记）、种子生产许可证、种子包装、贮运等各环节，严格按标准办事，设立质量认证机构，对运作全过程进行质量控制，才能保证生产者用上合格种子。而目前主要依赖于企业自检的质量保障体系和市场抽查，显然很难保证，反而有利于企业逃避质量认证、检查和追查。加之种子质量问题的赔付法规没有与国际接轨，就很难把生产、经营劣质种子的小企业驱逐出市场。

（3）种子立法和法规不够完善，执法不严、不公时有发生。品种审定制度、种子生产经营制度和新品种保护条例未能得到严格执行，滥繁、乱引、滥调、滥营现象屡禁不止。尽管《种子法》已颁布实施，但相应的实施细则需认真参考国外的经验。我国的历史经验和未来发展的要求，特别是农业市场化和国际化的双重要求，因而在较长的时间内，全民对《种子法》的理解与执行将是渐进的过程，把合理、公正的法律条文变为公正的执法更是任重道远，需要全社会的共同努力。

（4）种子公司规模小，发展潜力有限。与发达国家相比较，我国的种子公司多规模较小，实力较差。如美国种子公司只有 500 家，主宰杂交玉米种子市场的种子公司只有 3 家，先锋公司占 45%，迪卡白公司占 10%，诺华公司占 8%。而中国种子公司已过 2700 家，每个公司在全国的市场占有份额都很小，这样就很难具备较强新品种的开发能力、先进的加工手段和销售体系，因此难以实行育繁推一体化经营。

由此可见，我国蔬菜种子行业尚处于逐步发展、成熟的过程中，各级职能部门应从提高蔬菜种子生产的科技含量、加强立法执法监督、培育成熟的种子市场等方面入手，使我国蔬菜种子生产和经营逐步走向标准化、规范化的轨道。

资料卡

人工种子

人工种子，就是将植物组织培养产生的体细胞胚或不定芽包裹在能提供养分的胶囊里，再在胶囊外包上一层具有保护功能和防止机械损伤的外膜，造成一种代替天然种子的颗粒体。自从1978年著名的植物组织培养学家T. Murashige提出人工种子的设想与Reden-baugh制造第一批人工种子以来，已有许多国家的植物基因公司和大学实验室从事这方面研究。欧共体将人工种子的研制列入“尤里卡”计划，我国也于1987年将其列入国家高新技术研究与发展计划（863计划）。经过20多年努力，人工种子的研究已取得了很大进展。

人工种子主要由三部分构成（图1-2），最外面为一层起保护作用的有机薄膜包裹，即人工种皮；中间为胚状体等培养物所需的营养成分和一些植物激素；最里面为胚状体（体细胞胚）或芽。

人工种子本质上属于无性繁殖，与天然种子相比，具有以下优点：①可对一些自然条件下不结实的或种子很昂贵的植物进行繁殖；②固定杂种优势，使F_1杂交种可多代利用，使优良的单株能快速繁殖成无性系品种，从而大大缩短育种年限；③节约粮食，因为人工种子作为播种材料，在一定程度上可取代部分粮食（种子与块根茎）；④在人工种子的包裹材料里加入各种生长调节物质、菌肥、农药等，可人为影响和控制作物生长发育和抗性；⑤可以保存及快速繁殖脱病毒苗，克服某些植物由于长期营养繁殖所积累的病毒病等；⑥与试管苗相比成本低，运输方便（体积小），可直接播种和机械化操作。

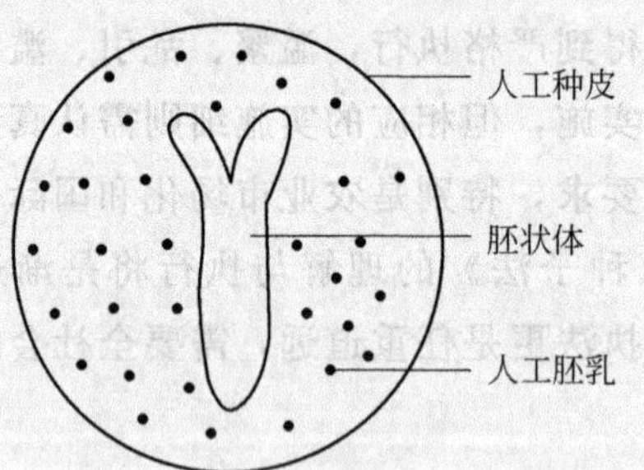

图1-2 人工种子模式

尽管目前人工种子技术的实验室研究工作已取得较大进展，但是目前的人工种子还远不能像天然种子那样方便、实用和稳定。这是因为许多重要的植物目前还不能靠组织培养快速产生大量的、出苗整齐一致的、高质量的体细胞胚或不定芽。另一方面包埋剂的选择及制作工艺方面尚需改进，以提高体胚到正常植株的转化率，并达到加工运输方便、防干防腐耐贮藏的目的。除此之外，如何进行大量制种和大田播种，实现机械化操作等方面配套技术尚需进一步研究。由于人工种子是由组织培养产生的，需要一定时间才能很好地适应外界环境，因此人工种子在播种到长成自养植株之前的管理也非常重要，在推广之前必须经过农业试验，并对栽培技术及农艺性状进行研究。

小　　结

蔬菜品种是人类在一定的生态条件和经济条件下育成的，具有一定经济价值的某种栽培植物的群体。品系是品种的前身。蔬菜品种根据后代的稳定性可分为定型品种、F_1 代杂种和无性系品种。蔬菜种子生产又称良种繁育，其中心任务是通过生产和发放良种，满足蔬菜生产的需要，使蔬菜生产达到优质、高产和高效益的目的。良种包括优良品种和优质种子两层含义。良种在蔬菜生产中起着决定性作用。我国蔬菜种子生产具有得天独厚的优势，目前已成为世界蔬菜良种繁育基地。但我国蔬菜种业与发达国家相比，在技术水平、市场成熟度、种子立法及经营管理模式上尚存在着一些不足，需要在今后的工作中加以改进。

思 考 题

1. 什么是品种？什么是优良品种？各有何特点？

2. 蔬菜品种包括哪些类型？

3. 良种的含义是什么？

4. 蔬菜种子工作包括哪些内容？有何特点？

5. 我国蔬菜种子生产具备哪些优势？与发达国家相比，我国蔬菜种业还存在哪些不足？

第二章
蔬菜种子生产的基础知识

目的要求 了解并掌握蔬菜种子形态、结构及发育成熟的相关知识，生产实践中能够根据需要调控种子的休眠和促进种子萌发。熟悉光周期、春化的原理和不同蔬菜的授粉方式，并以此为依据，指导蔬菜种子生产。

知识要点 蔬菜种子的含义、形态特征和基本结构；蔬菜种子的休眠特性及调控；蔬菜种子萌发的条件与过程；光周期和春化的基本原理；常见蔬菜的授粉方式。

技能要点 能判断蔬菜种子的类型；能根据种子的形态鉴定蔬菜种类；正确区分自花授粉蔬菜、异花授粉蔬菜和常自花授粉蔬菜。

第一节 蔬菜种子生理

一、蔬菜种子的含义

蔬菜种子的含义，从植物学的角度和蔬菜生产的角度上看是不同的。植物学上的种子是指由胚珠发育而成的繁殖器官，而蔬菜生产上的种子是指一切可以用作繁殖材料的植物器官。不论植物的哪种器官或营养体的哪一部分，也不论它的形态构造是简单还是复杂，只要能用来繁殖后代和扩大再生产，统称为种子。主要包括以下三大类。

(1) 真种子　即植物学上的种子，由胚珠受精后形成。如瓜类、豆类、茄果类、白菜类、苋菜的种子等。

(2) 果实型种子　由胚珠和子房共同发育而成。如菊科（莴苣、苦苣的瘦果）、伞形科（芹菜、胡萝卜的双悬果）、藜科（菠菜、恭菜的聚合果）蔬菜的种子。

(3) 营养器官　主要指根茎类蔬菜的无性繁殖器官。如大蒜、百合、洋葱的鳞茎，芋头、荸荠、慈姑的球茎，韭菜、生姜、莲藕的根状茎，马铃薯、山药、菊芋的块茎等。

二、种子的形态和结构

1. 种子的形态

种子的形态是鉴别蔬菜种类、判断种子质量的重要依据之一，包括外形、大小、颜色、表面光洁度、种子表面的沟、棱、毛刺、网纹、蜡质、突起物、种脐大小及形状等。例如，茄果类蔬菜种子都为肾形，但茄子种皮光洁，色深黄；辣椒种皮厚薄不匀，色较浅；番茄种皮有银色绒毛。有些蔬菜种子较难区别，如甘蓝和白菜种子，韭菜、大葱、洋葱种子。绝大多数蔬菜种类，其种子形态在不同品种间很难区分。通常成熟种子色泽较深，具蜡质；幼嫩种子色泽浅，皱瘪。新种子色泽鲜艳光洁，具香味；陈种子色泽灰暗，具霉味。常见蔬菜种子形态见图 2-1。

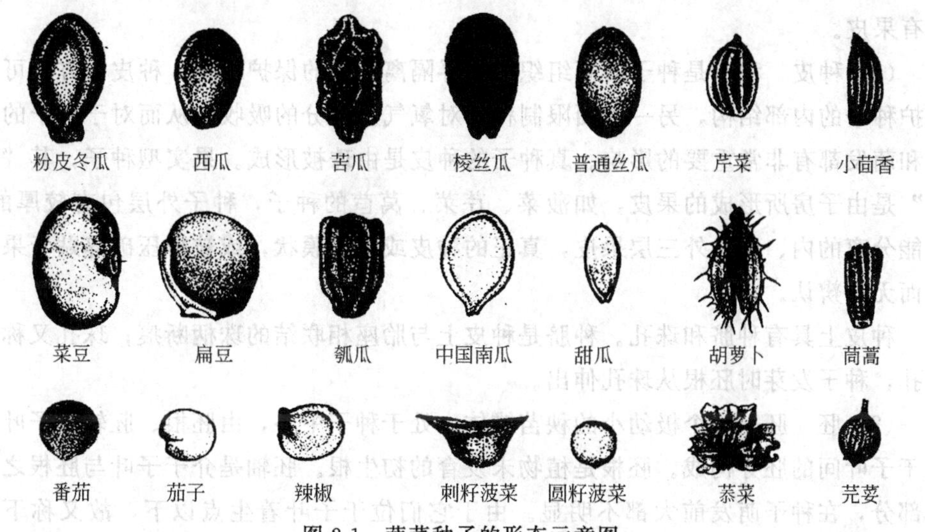

图 2-1 蔬菜种子的形态示意图

2. 种子的大小

蔬菜种子的大小差别很大，小粒种子的千粒重只有 1g 左右，大粒种子千粒重却高达 1000g 以上，其大小粒比较如图 2-2 所示。种子的大小与营养物质的含量有关，对胚的发育有重要作用，还关系到出苗的难易和秧苗的生长发育速度。种子愈小，播种的技术要求愈高，苗期生长愈缓慢。以 1g 蔬菜种子所含种子粒数的多少，可将种子大小划分为 5 级。

(1) 大粒种子 每克种子有 10 粒以下者为大粒种子，如蚕豆、菜豆、扁豆、丝瓜、冬瓜、南瓜等的种子。

(2) 较大粒种子 每克种子在 11～150 粒之间的为较大粒种子，如黄瓜、甜瓜、大萝卜、大粒菠菜、芫荽等的种子。

(3) 中粒种子 每克种子在 151～400 粒之间的种子，如辣椒、茄子、甘

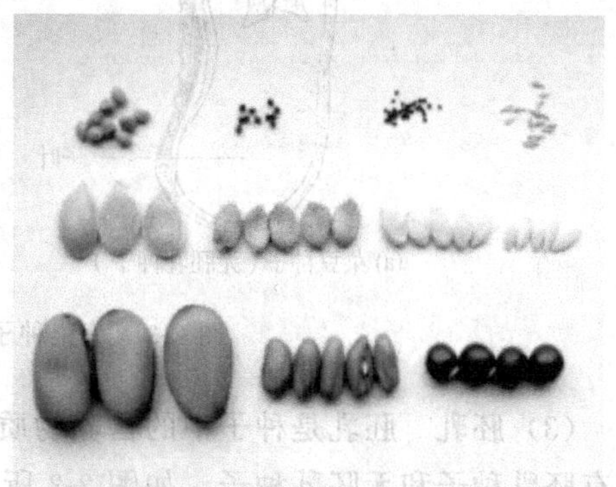
图 2-2 蔬菜种子大小粒种子比较

蓝、洋葱、韭菜、白菜、番茄等的种子。

(4) 较小粒种子　每克种子在 401～1000 粒之间的种子，如小果形番茄、茼蒿、胡萝卜等的种子。

(5) 小粒种子　每克种子在 1000 粒以上，如芥菜、芹菜、苋菜等的种子。

3. 种子的基本结构

蔬菜种子的基本结构包括种皮、胚，有的蔬菜种子还有胚乳，有的果实型种子还有果皮。

(1) 种皮　种皮是种子内部组织与外界隔离开来的保护结构。种皮一方面可以保护种子的内部结构，另一方面限制种子对氧气及水分的吸收，从而对于种子的休眠和萌发都有非常重要的影响。真种子的种皮是由珠被形成。果实型种子，其“种皮”是由子房所形成的果皮，如菠菜、芹菜、莴苣的种子，种子外层包有较厚的、不能分离的内、中、外三层果皮，真正的种皮或呈薄膜状，或被挤压破碎贴于果皮壁而无法辨认。

种皮上具有种脐和珠孔。种脐是种皮上与胎座相联结的珠柄断痕；珠孔又称发芽孔，种子发芽时胚根从珠孔伸出。

(2) 胚　胚是一个极幼小的秧苗雏体，处于种子中心，由胚根、胚轴、子叶和夹于子叶间的胚芽构成。胚根是植物未发育的初生根。胚轴是介于子叶与胚根之间的部分，在种子萌发前大都不明显。由于它们位于子叶着生点以下，故又称下胚轴。子叶是种胚的幼叶，单子叶植物为 1 片，双子叶植物为 2 片。子叶在种子中具有贮藏营养物质、保护胚芽的作用，同时萌发后的绿色子叶是幼苗最初的同化器官。胚芽则是未发育的植株地上部分，是茎、叶的原始体，位于胚轴的上端，顶部为茎的生长点，如图 2-3 所示。

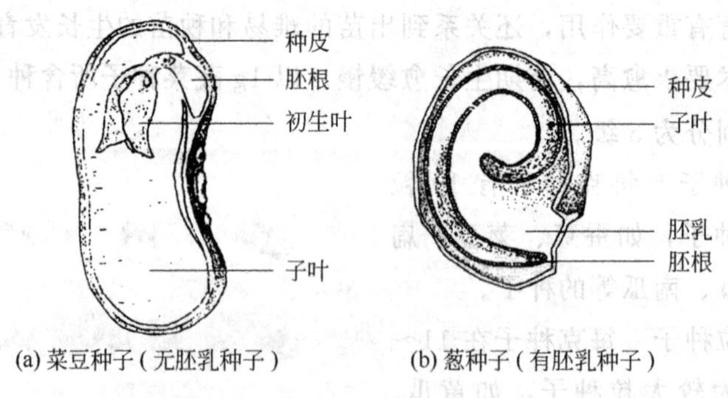

图 2-3　蔬菜种子基本结构示意图

(3) 胚乳　胚乳是种子中的营养物质。根据成熟种子胚乳的有无，可将种子分成有胚乳种子和无胚乳种子，如图 2-3 所示。

① 无胚乳蔬菜种子　如瓜类、豆类、白菜类、莴苣等的种子。胚的大部分为子

叶，占满整个种子的内部，贮藏营养物质。

② 有胚乳的蔬菜种子　如番茄、菠菜、芹菜、韭菜、葱等的种子。胚埋藏在胚乳之中，种子发芽过程中，幼胚依靠子叶和胚乳提供的营养物质进行生长。健康的种子幼胚色泽洁白，胚乳白色；腐坏了的种子幼胚变暗色，组织含水量大或粉碎状。

三、种子的形成、发育和成熟

1. 受精作用

雌雄性细胞，即卵细胞和精细胞融合的过程，称为受精。被子植物的卵细胞位于胚囊内，故必须借助花粉管把精子送入胚囊中，才能受精。

（1）花粉粒的萌发和花粉管伸长　成熟的花粉粒依靠风、虫、水等媒介传播而落在雌蕊柱头上，柱头表面有的覆盖毛状细胞（豆科），有的分泌黏液（茄科和葫芦科），这些功能可使花粉易于附着在柱头表面。通过花粉粒和柱头的相互识别或选择，亲和的花粉粒就开始在柱头上吸水，呼吸作用迅速增强，内部营养物质大量合成，花粉粒的内壁穿过外壁上的萌发孔开始向外突出，形成花粉管，这一过程称为花粉粒的萌发。花粉管穿过柱头乳状突起的角质层，经由细胞间隙或穿过柱头细胞，伸向花柱（图 2-4）。花粉管在花柱中向前生长时，除消耗自身贮藏的养分外，还大量地从花柱沟细胞或传递组织中吸收糖类等营养物质，用于花粉管的伸长。花粉粒在柱头上的萌发、花粉管在花柱中的生长以及花粉管最后进入胚囊所需要的时间随作物种类和环境条件而异。花柱长的比花柱短的所需时间长。花粉粒萌发的温度一般为 20～30℃，如番茄花粉萌发的最适温度为 28～30℃。

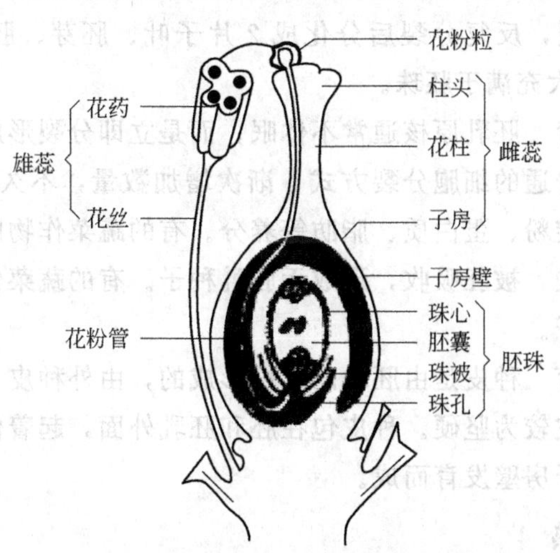

图 2-4　雌雄蕊结构和花粉管伸长示意图

花粉粒萌发和花粉管伸长时，花粉内容物向花粉管内移动。花粉中存在 2 个核，其中一个较大，称为花粉管核；一个较小，称为生殖核。此生殖核在花粉发芽后，移于花粉管中而分裂为 2 个精核。

雌蕊上柱头的受精能力，一般维持一至数天，因作物种类和品种不同而有差异。如白菜开花前 3～5 天的蕾期，雌蕊已成熟，花后 2～4 天仍有受精能力；番茄柱头在开花前 1～2 天成熟，有效期 4～8 天。

（2）双受精　花粉管到达子房后，通常从珠孔经珠心，进入胚囊。花粉管的尖端在胚囊内，先穿进在入口处的助细胞，后管膜破裂，内容物即流入细胞内。因此，助细胞将随着卵细胞膨胀而伸长，在卵与极核的中间位置，其细胞膜破裂而放出 2 个精核。一个精核突破卵细胞膜进入其中，与卵核结合而生成合子（受精卵），另一个精核与二极核相结合，而成 3 倍体胚乳原核。上述在胚囊内发生二次受精的现象，即称为双受精。双受精作用是植物受精的主要方式。花粉管核与受精无关，以后即行消失。双受精过程如图 2-5 所示。

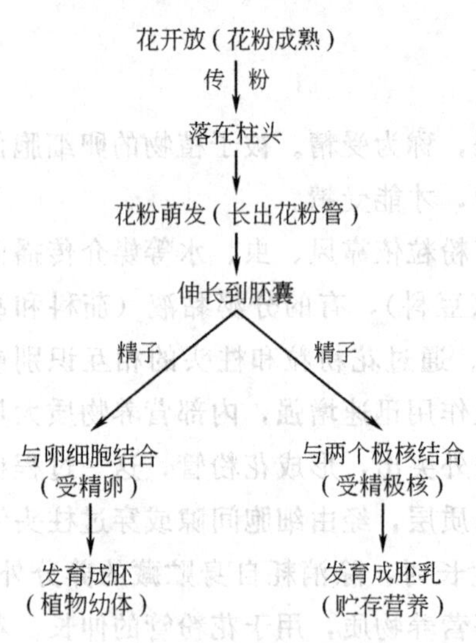

图 2-5　双受精过程示意图

2. 种子的形成和发育

（1）胚的发育　胚是种子的主要部分，正常情况下，胚是由卵细胞受精合子发育而成的。卵细胞受精后，即产生一层纤维素的细胞壁，进入休眠状态，经过一段时间的休眠后即开始分裂。如辣椒合子休眠 24～36h 后开始分裂，反复分裂后分化成 2 片子叶、胚芽、胚轴和幼根。授粉后 40～50 天后，胚膨大充满于胚珠。

（2）胚乳的发育　胚乳原核通常不休眠，而是立即分裂形成胚乳。胚乳细胞的细胞壁形成后，按普通的细胞分裂方式，渐次增加数量，不久在胚囊中充满胚乳。然后在胚乳中积累淀粉、蛋白质、脂肪等养分。有的蔬菜作物的胚乳将随着胚的发育而渐次崩溃、消失，被胚吸收，形成无胚乳种子。有的蔬菜作物的种子内胚乳发达，成为有胚乳种子。

（3）种皮的发育　种皮是由胚珠的珠被形成的，由外种皮与内种皮组成。内种皮为软组织，外种皮较为坚硬。种皮包在胚和胚乳外面，起着保护作用。果实型蔬菜种子其果皮是由子房壁发育而成。

3. 种子的成熟

种子成熟包括两方面的含义，即形态上的成熟和生理上的成熟。一般来说种子达到了适于采收的状态，这只是种子在形态上的成熟，即种子在形态上表现出固有的形态，种子的大小不再变化，并表现出种子特有的成熟颜色。作为种子成熟的最重要条件是生理上的成熟，其指标就是种子具有发芽能力。真正成熟的种子主要标志是：①完成营养物质的积累，种子的干物质含量已相对稳定；②种子含水量下降，硬度增加，对不良条件的抵抗能力增强；③种皮变硬，保护作用加强；④胚具有正常的萌发能力。

不同蔬菜作物从开花授粉到种子成熟的时间有很大差异。另外，气象因素、种果在植株上的部位及栽培技术都有很大关系。不同蔬菜种子成熟所需时间见表 2-1。

表 2-1　不同蔬菜种子成熟所需时间

蔬菜	种子成熟所需时间/天	蔬菜	种子成熟所需时间/天	蔬菜	种子成熟所需时间/天
白菜	40～45	番茄、茄子、辣椒	50～55	胡萝卜	50～60
萝卜	45～50	黄瓜、西瓜	40～50	矮生菜豆	35～40
甘蓝	45～50	洋葱、大葱	40～50	蔓菜豆	50～55

有些蔬菜种子一旦成熟，当温湿度适合时，在种株上就可以萌发，这种现象称为"胎萌"。如菜豆种子和十字花科蔬菜种子都存在这种现象，如不及时采收晾晒，遇雨会使大量种子萌发，造成损失。而瓜类和茄果类蔬菜种子，果实中含有抑制种子发芽的物质，因此在种果内不能发芽，但是在种子采收过程中，会洗去或冲淡种果中的抑制发芽物质，如晾晒干燥不及时也会造成萌芽损失。

果菜类种果采收后，不立即取种，而是连同果实在适宜条件下存放一段时间，使得果实内的营养进一步向种子运输，这种方法称为后熟。未完熟的种子可以通过后熟提高种子重量和发芽能力。

四、蔬菜种子的休眠

1. 种子休眠的概念

种子休眠是指由于种子内在因素或外界条件的限制，致使有生命力的正常种子，在适宜条件下不能发芽或发芽困难的现象。种子休眠有两种情况。

（1）生理休眠　种子本身还未完全通过生理成熟阶段，虽给予适当的发芽条件仍不能萌发，只有在休眠解除后才能发芽，这种情况又称为深休眠或自然休眠。

（2）强迫休眠　种子已具有发芽能力，由于得不到适宜条件而不能萌发，如遇适宜条件则很快萌发。另外，有些作物成熟的种子种皮（果皮）细胞非常坚韧、致密，这些种子播种在潮湿的土壤里或是浸在水里很长一段时间，水分不能进入种子内，因而不能发芽。这种具有生命力的种子因种皮不透水而不能吸水发芽的现象，称为种子硬实，它也是造成种子休眠的一个原因。常见豆类、茄科、藜科蔬菜种子易发生硬实现象。种子硬实可在很长时间内保持生活力，可在若干年内出苗。

2. 种子休眠的调控

生产上有时需要解除种子的休眠，有时则需要延长种子的休眠。如芹菜、茄子及某些野生蔬菜品种播种时，为使出芽整齐而迅速，需要打破休眠，而蔬菜种子贮藏时则需要延长种子的休眠。

（1）解除休眠

① 干藏后熟　种子干藏后熟是在种子含水量较低时进行的，种子所需干藏时间，因作物而异，短的仅几个星期，长的可达数年。干藏后熟可在一定程度上代替光照、低温等环境因子解除休眠的作用。

② 清水漂洗　西瓜、甜瓜、番茄、辣椒和茄子等种子外壳含有萌发抑制物，播种前将种子浸泡在水中，反复漂洗，流水更佳，让抑制物渗透出来，能够提高发芽率。

③ 变温处理　变温处理对一些蔬菜种子有解除休眠的效果，如茄子、苋菜、芥菜和白菜等种子。

④ 化学药剂处理　用0.5%的双氧水或100mg/L的赤霉素溶液浸种，能打破某些蔬菜种子的休眠。

⑤ 机械破损　对于种皮较厚的种子或果实型种子，如芫荽、蛇瓜、胡萝卜、菠菜等，可采用搓破或去除种（果）皮的办法打破休眠，促进萌发。

⑥ 层积处理　将休眠的蔬菜种子埋在湿沙中，置于1～10℃温度条件下，经1～3个月的低温处理就能有效地解除休眠。在层积处理期间种子中的抑制物质含量下降，而赤霉素和细胞分裂素的含量增加。一般说来，适当延长低温处理时间，能促进萌发。

⑦ 物理方法　用X射线、超声波、高低频电流、电磁场处理种子，也有破除休眠的作用。

（2）延长休眠　对于需光种子可用遮光来延长休眠。对于种（果）皮有抑制物的种子，如要延长休眠，收获时可不清洗种子。此外，在保存种子的过程中，创造低温、干燥和缺氧的环境，有助于延长种子的休眠期。

五、种子的萌发

1. 种子活力的相关概念

（1）种子活力和种子生活力　种子活力是指种子的健壮度，指种子迅速、整齐发芽出苗的潜在能力。当种子干重增至最大值时，种子已达生理成熟，此时活力往往最高。但这时因含水量高而不便收获，所以一般要让其在田间自然干燥，待含水量降至15%～20%时才采收。成熟后未及时收获的种子往往会遭受田间温湿度变化等影响而使活力下降。过熟或腐烂果实中的种子，因受到微生物的侵害也会使活力下降。健全饱满、未受损伤、贮存条件良好的种子活力高。大粒种子的活力一般要高于小粒种子。同一品种中活力高的种子往往比活力低的种子长出的植株高大强壮、抗逆力弱，获得高产的可能性大。

种子生活力是指种胚所具有的生命力或种子发芽的潜在能力。

(2) 种子的老化和劣变　种子的老化是指种子活力的自然衰退。在高温、高湿条件下老化过程往往加快。种子劣变则是指种子生理机能的恶化。其实老化的过程也是劣变的过程，不过劣变不一定都是老化引起的，突然性的高温或结冰会使蛋白质变性，细胞受损，从而引起种子劣变。

种子老化劣变的一些表现为：①种子表皮颜色变深；②种子内部的膜系统受到破坏，透性增加；③逐步丧失产生与萌发有关的激素（如赤霉素、细胞分裂素、乙烯等）的能力等；④萌发迟缓，发芽率低，畸形苗多，生长势差，抗逆力弱，以致生物产量和经济产量都低。

2. 种子萌发的过程

(1) 吸水　种子吸水可分为两个阶段，第一阶段是吸胀吸水，主要依靠种皮、珠孔等结构的机械吸水膨胀之力，是一个物理过程，吸收的水分主要达到胚的外围组织，吸水量只有发芽所需的1/2；第二阶段是生理吸水，吸水依靠种子胚的生理活动，吸收的水分主要供给胚的活动。应当指出，死种子也能借种皮的吸胀作用进行机械吸收，但因胚已死亡，种胚不能进行生理吸水。

(2) 萌动　有生活力的种子，随着水分吸收，酶的活动能力加强，贮藏的营养物质开始转化和运转；胚部细胞开始分裂、伸长。胚根首先从发芽孔伸出，这就是种子的萌动，俗称“露白”或“破嘴”。萌动过程发生强烈的呼吸作用，吸收氧气，释放二氧化碳和热量。萌动的种子对环境条件敏感，条件不适宜，会延迟萌动时间，甚至不发芽。

(3) 出苗　种子“露白”（出芽）后，胚根、胚轴、子叶、胚芽的生长加快，胚轴顶着幼芽破土而出。幼芽出土有两种情况（图 2-6)：萌发后下胚轴伸长的则子叶出土，如菜豆、白菜类、瓜类、根菜类、茄果类等；萌发后下胚轴不伸长的，由上胚轴伸长把真叶顶出土面，子叶则留在土中，贴附在下胚轴中，直到养分耗尽解体，如豌豆、蚕豆等。

3. 种子萌发要求的环境条件

水分、温度、氧气是种子萌发的三个基本条件。此外，二氧化碳气体以及其他因素对种子发芽也有不同程度的影响。

(1) 水分　水分是种子发芽所需的重要条件，吸水是种子萌发的第一步。

吸水量因蔬菜的种类而不同，蛋白质含量高的豆类种子吸水快而多，菜豆吸水

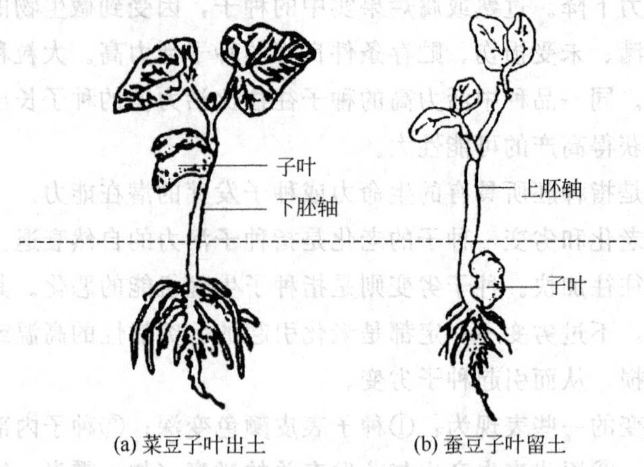

图 2-6　子叶出土和子叶留土幼苗

量为种子重量的 105%；含油脂为主的种子，如白菜种子，吸水量略少；以淀粉为主的种子则吸水更少、更慢。一般蔬菜种子浸种 12h 即可完成吸水过程，提高水温（40～60℃）可使种子吸水加快。

种子吸水过程与土壤溶液渗透压及水中气体含量有密切关系。土壤溶液浓度高、水中氧气不足或二氧化碳含量增加，可使种子吸水受抑制。种皮的结构也会影响种子的吸水，例如十字花科种皮薄，浸种 4～5h 可吸足水分；黄瓜则需 4～6h；葱、韭需 12h；豆类蔬菜一般不浸种或浸种 1～2h，豆粒刚饱满时即可，否则种子内的营养易外渗。

（2）温度　蔬菜种子发芽要求一定的温度，不同蔬菜种子发芽要求的温度不同。喜温蔬菜（瓜类、茄果类）发芽要求较高的温度，种子发芽适温一般为 25～30℃；耐寒、半耐寒蔬菜（白菜类、萝卜、菠菜等）发芽适温为 15～30℃。在适温范围内，发芽迅速，发芽率也高。莴苣、芹菜适温范围较窄，为 15～20℃，如采用 5～10℃低温处理 1～2 天，可促进发芽。

（3）气体　主要指氧气和二氧化碳对种子发芽的影响。氧气是种子发芽所需的极为重要的条件。种子在贮藏期间，呼吸微弱，需氧量极少，但种子一旦吸水萌动，则对氧气的需要急剧增加。种子发芽需氧浓度在 10% 以上，无氧或氧不足，种子不能发芽或发芽不良。如在浸种催芽时透气不良，播种后覆土过厚或地面积水等，都会使氧气不足，造成种子发芽不良，甚至烂种。二氧化碳浓度超过一定限度时，对发芽有抑制作用。

（4）光　光能影响种子发芽，但不同的蔬菜种子对光的反应表现不同。根据种子发芽对光的要求，可将蔬菜种子分为以下三类。

① 需光种子　这类种子发芽需要一定的光，在黑暗条件下发芽不良或不能发芽，如莴苣、紫苏、芹菜、胡萝卜等，播种时可不覆土或薄覆土。

② 嫌光种子　这类种子要求在黑暗条件下发芽，有光时发芽不良，如苋菜、葱、韭及其他一些百合科作物种子。

③ 中光种子　这类种子发芽时对光的反应不敏感。在有光或黑暗条件下均能正常发芽，如豆类、瓜类及大多数蔬菜种子。

种子发芽需光或嫌光，因品种、后熟程度、发芽条件不同而发生变化。如莴苣，因品种不同有发芽感光和不感光之分；即使同是感光品种，也可由于后熟程度高而在有光或无光条件下均能发芽。发芽需光与果皮（种皮）的感光性有关，除去莴苣果皮，则种子发芽的需光性随之消失；发芽需光还与温度有关，莴苣种子在温度高于20℃时需光，不高于20℃时，种子无论在光下或暗处都能发芽。增加氧压，可解除光对种子发芽的影响。

第二节　蔬菜生育特性与种子生产

一、蔬菜的光周期与低温春化

蔬菜植物种子生产的前提是抽薹开花。有些蔬菜从营养生长向生殖生长过渡时不需要特殊的环境条件刺激。但有些作物需要一定的光周期和低温春化后才能开花结籽。

1. 光周期

昼夜长短影响植物开花的现象称为光周期现象。根据蔬菜作物对光周期的要求不同，可将其分为以下三类。

（1）短日性蔬菜　要求日照长度短于11～14h，在较长的日照条件下不开花或延迟开花。主要蔬菜种类有毛豆、豇豆、扁豆、刀豆、茼蒿、苋菜、蕹菜等。

（2）长日性作物　要求日照长度长于14h。主要蔬菜种类有白菜类、甘蓝类、芥菜类、萝卜、胡萝卜、芹菜、菠菜、莴苣、蚕豆、豌豆、大葱等。这些作物往往是冬前播种，冬季通过低温春化后，在春季的长日照条件下抽薹开花。

（3）中光性作物　对日照长度没有要求，在较长或较短日照下都能开花。主要蔬菜种类有番茄、辣椒、黄瓜、菜豆、蚕豆等。

有些作物的类型和品种对光周期的反应存在差异，如多数毛豆为短日照作物，但是毛豆的早熟品种，对日照长度没有要求。莴苣的品种间也有差异。

2. 低温春化

植物经过一定时间的低温诱导后才能开花的现象称为春化。起源于温带地区的很多2年生蔬菜作物都需要低温春化，例如，大白菜、甘蓝、洋葱、甜菜、菠菜等。根据作物能够感受低温的发育时期可分为以下两类。

（1）种子春化型　从种子萌动开始一直到幼苗长大都可感受低温通过春化的类

型。春化所需要的温度和时间随作物种类和品种的不同而有差异，例如白菜、芥菜、萝卜白等在8～10℃的条件下经过20～30天即可完成春化阶段。利用萌动的种子就能通过春化的特性可以对种子进行人为的春化处理，在育种和种子生产中进行人工快速加代。

（2）绿体春化型　当幼苗长到一定大小的时候才能开始感受低温通过春化的类型，如甘蓝类、大葱、芹菜、洋葱、胡萝卜等。这类作物在进行种子生产时冬前播种不能太迟，否则幼苗不能长到感受低温的大小，影响抽薹开花。

二、蔬菜的繁殖方式

蔬菜作物在长期的进化过程中形成了各自的繁殖方式，可分为无性繁殖和有性繁殖两大类。

1. 无性繁殖蔬菜

无性繁殖是以植物的根、茎、叶等营养器官作为繁殖材料的繁殖方式，因此又称为营养繁殖。通常采用无性繁殖的蔬菜有马铃薯、生姜、大蒜、山药、藕、芋头、紫背天葵等。这类蔬菜一般不产生真正的种子或即使有真种子也因繁殖不方便、不经济或不易保持种性等原因，不采用种子繁殖方式。由于无性繁殖是由植株某个营养器官直接长成的新个体，易于保持母株的特征特性，不发生分离，不易发生变异，品种易于保纯，繁育过程中无需隔离，这对良种推广是十分有利的。但无性繁殖往往用种量大，繁殖系数低，易于造成病害流行，导致品种退化，所以在其繁殖过程中也应进行适当的选择，以保持原品种的优良特性。

2. 有性繁殖

凡经过开花、授粉、受精的过程形成合子，并由合子发育成种子，用种子繁殖后代的，称为有性繁殖，也称种子繁殖。大多数蔬菜作物均用种子繁殖。有性繁殖是一种比无性繁殖高级的方式，它通过减数分裂及授粉、受精使基因重新组合，从而使后代出现变异。这是植物的自然选择和人工选择的遗传学基础，对植物的进化、发展及良种选育具有重要意义。有性繁殖的蔬菜作物中，根据自然授粉方式的不同，可分为自花授粉、异花授粉和常自花授粉三类。

（1）自花授粉蔬菜　在自然条件下，雄蕊的花粉一般不需借助外力即可直接授到本花雌蕊的柱头上，实现自交受精结实，如菜豆、豌豆、番茄、茄子、莴苣等。此类蔬菜的花为两性花，雌雄蕊成熟期一致或雌蕊先熟，开花期短，花色不艳且少香味，雌蕊的柱头被雄蕊的花药包围（图2-7），有的花器结构严密（图2-8），雌蕊接受异花或异株花粉受精结籽的概率很小，一般情况下异交率很低（最多不超过5%）。

自花授粉蔬菜所结的种子为同株雌雄配子的同质结合后代，遗传性比较稳定，个体间差异较小，在良种繁育过程中，品种易于保纯，串花杂交的机会很少，但也

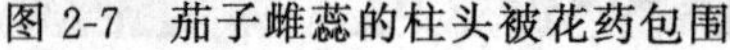
图 2-7　茄子雌蕊的柱头被花药包围

图 2-8　豌豆的花器官结构严密

要适当隔离，以防自然异交和机械混杂。在杂种优势利用上，这类作物品种间杂交种的 F_1 代性状整齐一致，有一定的杂种优势，但由于这类作物是两性花，不易去雄，制种困难，当雄蕊拔除不干净时会自交结实，降低制种质量。

（2）异花授粉蔬菜　在自然条件下，借助昆虫、风力将花粉传到另一植株花的柱头上或同株异花的柱头上，实现异交受精，自然异交率 50%～100%。异花授粉的蔬菜作物包括四种类型：一是雌雄异株蔬菜，如芦笋、部分菠菜品种，雌花和雄花分别生长在不同的植株上，异交率为 100%；二是雌雄同株异花，如瓜类蔬菜，一般为异株授粉，但同株花期自交结实高，其结实率的高低和单果种子粒数的多少与异株授粉相似；三是雌雄同花，但自交不亲和，即本株或本花的花粉于正常花期自交时常不能正常结实，如十字花科的大白菜、甘蓝，藜科的菠菜等；四是雌雄同花，虽为两性花，但雌雄蕊成熟期不同，有利于异花授粉，但本株或同一花序间或同花授粉结实率高，如百合科的大葱、洋葱、韭菜，伞形科的胡萝卜、芹菜等。

异花授粉植物的传粉媒介主要是风和昆虫。依靠风力来传播花粉的花称为风媒花，一般花被小，不具鲜艳的色彩，无蜜腺，无香气，花丝细长，易为风吹摇动，花粉小，易于随风远播，柱头大，易于接受花粉。菠菜属于风媒花。在繁种时，应注意在保持隔离条件下，在开阔地带制种，留种密度不能太大，以利于借助风力而传播。依靠蜜蜂等昆虫为传粉媒介的花称为虫媒花，一般花冠大而色彩鲜艳，有蜜腺和特殊花香，能够吸引昆虫。且花粉粒较大，有黏性，花粉粒中含有丰富的蛋白质及糖类。这类作物留种时，首先应注意品种隔离，以防昆虫串花，还要考虑在花期要有足够的蜂量或其他昆虫数量，以保证传粉。另外，这类作物在大棚或温室内采种，必须进行人工辅助授粉，才能保证种子产量。如瓜类蔬菜，其雌雄蕊的寿命较其他各类蔬菜为短，授粉工作必须在开花后立即进行。异花授粉植物的传粉媒介主要是蜂类和蝇类昆虫（图 2-9），但对爬地栽培的南瓜、冬瓜等，蚁类则是重要的传粉媒介（图 2-10）。蚁类可将隔离用的纸袋或已捆扎的花冠咬破，钻入花内取

图 2-9　蝇类授粉

图 2-10　蚁类授粉

图 2-11　常自花授粉的辣椒

粉食蜜，因此爬地栽培的瓜类，在作单花隔离时要特别注意因蚁类的传粉而得不到目的性种子。

(3) 常自花授粉蔬菜　常自花授粉是介于自交和异交之间的类型。在自然条件下，以自花授粉为主，但常常发生异花授粉，故称为常自花授粉作物。其花器官构造为雌雄同花，花瓣鲜艳有蜜腺，雌蕊常外露以易接受外来花粉，极易吸引昆虫传粉杂交，通常异交率为5%～10%，如辣椒（图 2-11）、蚕豆等。此类蔬菜在制种过程中，必须隔离繁殖。

资料卡

千年古莲子为什么能开花？

新中国成立初期，我国科学工作者在辽东半岛普兰店东效的泥炭层中，发掘出一批古代莲子。中国、日本、美国、俄罗斯等国家的科学家们相继对古莲子进行了研究实验，测定古莲子寿命在千年左右。特别令人称绝的是，古莲子经过培育，仍然能够发芽开花，实为植物界的一大奇观。

原来，古莲子的外表皮是由坚硬的栅栏状细胞构成的，细胞壁由纤维素组成，可以防止水分和空气的内渗和外泄。更奇巧的是，古莲子内有一个小气室，贮存着 0.2mg 的氧气、二氧化碳，虽然数量少，但它对维持古莲子的生命有决定性的意义。再加上古莲子内的含水量极小，只有12%。此外，保存古莲子的泥炭层里温度较低，吸水防潮性能良好，上面又有很厚的泥土覆盖。在这种干燥、低温、封闭的环境中，古莲子不具有生根发芽的条件，悠然自得地过着休眠生活，新陈代谢几乎停止，却能够保持生命的活力。

小 结

从生产的角度讲，蔬菜种子是指一切可以用作繁殖材料的植物器官，包括植物学上的真种子、果实型种子和营养器官。种子的形态是鉴别蔬菜种类、判断种子质量的重要依据。种子的结构包括种皮、胚，有的种子有胚乳，有的种子没有胚乳。被子植物通过授粉、受精形成合子，由合子发育成种子。某些蔬菜种子具有休眠特性，生产中可根据需要采取相应的措施解除或延长休眠。种子活力是指种子的健壮度，指种子迅速、整齐发芽出苗的潜在能力。活力高的种子在充足的水分、适宜温度和足够的氧气等条件下，可迅速地吸水、萌发和出苗。

蔬菜种子生产与光周期和低温春化关系密切。根据蔬菜作物对光周期的反应不同，可将其分为短日照蔬菜、长日照蔬菜和中光性蔬菜。根据蔬菜感受低温、通过春化的时期不同，可将蔬菜分为种子春化型和绿体春化型。利用种子繁殖的蔬菜有三种授粉方式，即自花授粉、异花授粉和常自花授粉。实践中应根据不同蔬菜作物的不同生育特性指导蔬菜种子生产。

思 考 题

1. 从蔬菜生产的角度讲，蔬菜种子包括哪几种类型？请举例说明。
2. 举例说明蔬菜种子大小的分级方法。
3. 绘图说明蔬菜种子的结构。无胚乳种子如何贮藏营养物质？
4. 简述被子植物双受精的过程。
5. 种子成熟的标志是什么？
6. 生产中怎样解除或延长种子休眠？
7. 种子萌发的基本条件是什么？
8. 举例说明什么是光周期现象？根据对光周期的要求，蔬菜作物可分为哪几类？
9. 举例说明什么是春化现象？种子春化型蔬菜和绿体春化型蔬菜有何区别？
10. 无性繁殖有何优缺点？
11. 试比较自花授粉、异花授粉和常自花授粉蔬菜的异同。

第三章
蔬菜种子生产的基本技术

目的要求 了解蔬菜种子生产的“四化”方针和四级繁育制度。熟悉蔬菜定型品种和 F_1 代杂种种子生产的基本方式。理解蔬菜种子质量降低的原因，并掌握提高种子质量的技术措施。

知识要点 蔬菜种子的四级繁育制度；建立蔬菜种子生产田的基本要求；蔬菜种子生产的基本过程和常用方法；蔬菜种子质量降低的原因和防止措施。

技能要点 能进行人工辅助授粉；能在种子生产田中去杂去劣；能正确判断不同蔬菜种子的成熟度；学会机械隔离的常用方法。

第一节 种子生产的计划和良种繁育制度

一、以市场为导向制定种子生产计划

种子生产必须有计划地进行，它既是种子生产的第一个重要环节，也是化解市场风险，保证经济效益的根本措施。一个科学合理的种子生产计划必须以市场为导向制定，因此，生产前的市场调查、市场定位和市场空间的确立就显得尤为重要。种子生产计划主要包括以下几方面内容。

(1) 种子的市场范围 首先应明确计划生产出的种子是要供应本地市场还是面向全省、全国种子市场。

(2) 种子生产的任务 包括需要生产种子的蔬菜种类；不同种类需要生产种子的数量；不同作物品种需要留（制）种栽培的面积等。种子生产的面积应包括原种种子生产及良种种子生产两个方面的需求。确定种子生产面积的主要依据是该类蔬菜的种子需求量、该种蔬菜的繁殖系数及该年的自然气候及环境条件等。

(3) 种子生产的技术路线 包括种子生产的程序、区域设置、隔离措施、选择及采（制）种方法、收获及加工手段以及各生产环节所需的设施、设备等。

(4) 种子生产的进度安排 确定父母本的播种、田间检查、授粉、种果采收和脱粒时间。

(5) 种子的质量控制 包括种子检验、检疫、种子鉴定等。

(6) 种子的经营与销售 在种子生产计划初步拟订之后，在组织实施的过程中，还应注意根据实际工作中遇到的新情况、新问题对原来的计划适当地加以补充

和修改，以使之尽可能地完善，从而成为种子生产的正确指导。

二、严格执行良种繁育制度

良种繁育制度指种子生产所必须遵循的一定的规范和法则。它包括种子生产的体系、程序及技术规范等多方面内容。建立和健全良种繁育体系，制定和完善良种繁育制度是确保良种繁育工作顺利进行、不断提高种子质量的基本保证，也是种子生产现代化的必要条件。

1. 蔬菜种子工作的“四化”方针

（1）种子生产专业化　生产专业化可以扩大规模批量生产，使生产向集团化迈进。提高劳动生产率和土地利用率，同时专业化可使生产向生产优势地区集中，使产量增加，成本降低，扩大市场占有份额，提高经济效益。生产专业化可集中使用技术力量，推广新技术，便于管理，提高种子产量与质量。建立稳固的种子繁育基地，制定统一管理措施，是实现种子生产专业化的前提。应以市场为导向，以科技进步为依托，不失时机地发展壮大生产规模，实行“公司＋基地＋农户”模式和集中管理分散种植的形式，实现种子生产专业化。

（2）种子加工机械化　收获后的种子仅是半成品，其中含有不同质量的种子和杂质。加工就是对种子进行清理、干燥、分级处理，提高种子的种用品质、贮藏品质和商品品质。为了贮藏运输安全，可对种子进行清选干燥，使其净度与含水量达到标准要求。但这仅仅是第一步，种子是商品，因此还需对种子采取分级处理、包装等措施来提高其商品价值。通常种子加工机械现在都是以烘干与精选自动联合流水线为主。不同规格加工机械的加工能力也不相同。加工机械化不但可以选种，而且也是质量标准化的先决条件。

（3）种子质量标准化　质量标准化是对种子生产的一种管理措施。它对原种、生产用种、种子分级、种子检验方法、包装、贮藏、运输都有一系列标准规程和方法。实现质量标准化的前提是生产专业化和加工机械化。标准化的实施是提高农产品产量和质量的重要手段。

（4）品种布局区域化　品种布局区域化是指根据农业自然区划和农作物品种的地区适应性，合理安排作物布局与品种搭配，最大限度利用土地与气候资源。首先应合理分析不同地区的热量资源、水分条件、光照因素、土壤肥力、生产水平等因素，顺应品种特性，按照客观实际合理安排品种布局。

2. 蔬菜种子的分级繁育程序

为了提高种子质量，降低种子成本，使新的优良品种尽快地并在较长时间充分发挥其增产作用，在良种繁育过程中有必要采取分级繁殖方法，设置专门的技术人员，按级别繁殖良种。现在国际上通用的办法是将种子生产分为四个级别，即育种者种子、基础种子、检验种子和商品种子。西方国家种子生产必须按级别进行，下一级种子必须由上一级种子繁殖而成，绝不允许用生产用种繁殖生产用种。这种系统的建立与国外的质量检测体系相辅相成。如果没有质量检测体系，分级繁殖就无法保证实施。由于我国开展分级繁殖工作比较晚，目前分级方式也比较混乱。其中以原原种→原种→良种→生产种四级制分级繁种方式为好。

(1) 原原种　又称超级原种，是严格执行提纯复壮措施少量繁育和保存的种子。其遗传性比较稳定，成株表现出优良的抗逆性、丰产性及优质性。原原种的品种典型性最强，纯度最高，增产效果最好。故原原种一般数量较少，一般情况下只能由育种者生产和控制，因此又称育种者种子。其他所有的种子都是由育种者种子经过一代或几代繁殖而成。原原种只有在特殊情况下，才可由指定的授权单位生产。

(2) 原种　由原原种繁育出来的种子，有的国家称为基础种子。原种在各项技术指标上仅次于原原种的种子，其品种典型性强，生产力高，种子质量好，种子数量也较少，因此，必须扩大繁殖才能满足种子生产的需要。如果是育成的常规品种或杂交种的亲本，种子公司在育种者参与下由育种者种子扩繁而成。如果是地方品种，必须用官方认可的在指定原产地生产的种子扩繁而成。种子生产条件须获得质量检查官员的检查和确认。

(3) 良种　又称种子用种或种子种。由原种繁殖出来的种子，是用来繁殖生产用种的种子，良种多在良种场或条件较好的农场繁殖。在繁殖系数高和用种量少的情况下，良种可用作生产用种。

(4) 生产用种　或称生产种，它是由良种繁殖出来的，直接作为生产栽培的种子，也称商品种。其生产方式可多种多样，但必须严格隔离，同时采取较好的栽培技术。

蔬菜良种的繁殖程序因蔬菜种类、种子生产经营条件等而不同。如上述分级繁殖主要适用于繁种量大的良种繁殖，对于种子生产量不是太大的蔬菜种类，实际上可以用原种繁殖生产用种，或直接用原原种繁殖生产用种。在我国条件下，蔬菜良种繁育的基本程序见图 3-1。

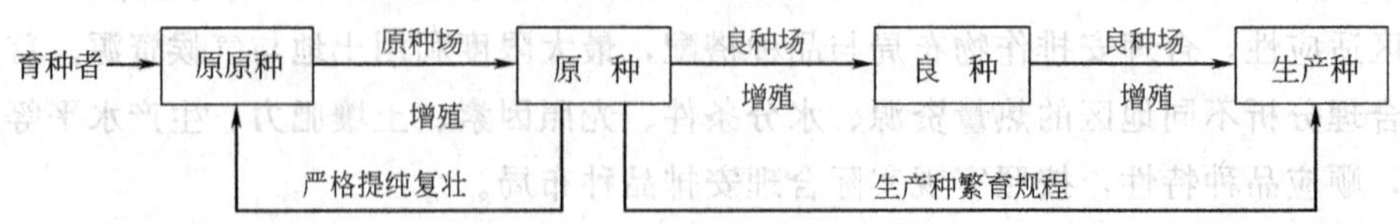

图 3-1　蔬菜良种繁育的基本程序

3. 蔬菜种子质量管理

① 严格品种审定和区试。新品种要做区域试验和生产试验，了解新品种生态

适应范围。在最适宜区域推广，保证种子的信誉。

② 种子经营过程实行“三证”制度。建立蔬菜种子的种子生产许可证、种子质量合格证、种子经营许可证“三证”核发制度，维护生产经营的正常秩序。

③ 种子要接受国际、国家、省级种子质量检验部门的检验。

第二节 蔬菜种子生产的基本技术

一、蔬菜种子生产田的建立

1. 种子生产田应具备基本的条件

（1）自然条件　自然条件是选择种子生产田的首选考虑因素，包括温度、光照、土壤、无霜期等。不同蔬菜作物需要不同的生长发育条件，所以选择的种子生产田必须能最大限度地满足蔬菜作物生长发育的需要。通常蔬菜种子生产的理想地区应具有光照充足、温度与降雨量适中、无大风等良好的自然条件。夏季温度和冬季温度太低的地区一般不宜作蔬菜种子的生产基地。

（2）设备条件　蔬菜作物的种子生产必须具备一定的设备条件，如育苗设施、排灌设施、种子脱粒机械、种子贮藏库等。

（3）人文条件　种子生产基地的生产者技术水平要高，并重视种子生产，具有一定的种子生产经验或经过培训后能够严格按照生产技术规程操作。另外，当地领导要支持，这对于安全隔离，协调不同品种种子生产的布局非常重要。

2. 蔬菜种子生产田的设立原则

（1）轮作　种子生产田应注意轮作。一是避免由于同类作物种子遗落田间发生生物学混杂，二是可防止病虫害的发生。按照严格要求，种子生产田如用作同种作物的蔬菜产品生产需要轮作 2 年，如用作种子生产需要轮作 5 年。

（2）隔离　蔬菜不同品种种子生产田的距离必须满足最低隔离距离，详见表 3-1。

（3）种子生产田的形状与大小　生产田的外来花粉污染主要发生在地块的周围。采种田最好是方形，方形的周长最小。一旦发现存在污染的可能，可将外围种子与中心种子分别收获，以保证中心种子的质量。采种田越大，外来花粉越不易污染。原原种和原种的小面积生产时一定要严格隔离。

二、蔬菜种子生产过程

1. 整地施肥

播种或定植前清洁田园，平整土地，根据不同蔬菜种类对养分的要求施足底肥。

2. 播种育苗

（1）播种期的选择　留种栽培与商品菜栽培的播种期不同，由于留种栽培的目的在于收获种子，故播种期的确定主要在于保证种株的发育和开花结籽能在最适的季节。如北方大白菜种子田播种应比生产田播种晚几天到十几天，以掌握在收获时能形成叶球为准。种子田晚播旨在避免因播种过早而造成种株的生活力降低和抵抗力减弱，从而减轻病害，提高种株的耐贮性；南方的莴苣商品菜可周年排开播种，而种株栽培则以寒露和霜降之间播种为宜。播种过早，抽薹开花常遇春季低温，种子发育不良；播种过迟，则开花结实又常逢多雨季节，使受精结实受到不良影响。因此，对于各种蔬菜的种株栽培，都要事先研究确定其适宜的播种期，以满足种株生长发育对自然条件的客观要求。

（2）播种方式　可采用露地直播或设施育苗两种方式。

3. 种株的栽培管理

如采用露地直播的，出苗后要及时中耕、除草、间苗，保证幼苗生长健壮。对于茄果类、瓜类蔬菜的种株要及时摘心、打杈、疏花、疏果，豆类和一些瓜类要及时搭架，防止植株倒伏。根据种株的生长情况及时供应肥水，种子生产中灌水不宜过勤，但在种果发育时期应注意保证不受干旱。在施肥时应注意少施氮肥，增施磷钾肥，以促进植株发育健壮，并促进坐果与结实。

病虫害防治是保证种株健康生长和发育的另一个重要环节。植株若遭受了病虫危害，不仅本身减产，其生产出的种子产量也低，而且质量差。如防治不力，则病株生产出的种子易带病，导致下一世代再现更多病株，进而生产出更多感病种子，形成恶性循环。种株栽培中应从以下三方面控制病虫害的发生：一是播种前进行种子消毒处理；二是发病初期及时喷药防病治虫，但应注意保护授粉用昆虫；三是经常性地淘汰感病种株。

此外，有些蔬菜如白菜、甘蓝、洋葱等，植株抽薹后，由于其顶部的花序或种球格外重，或种株脆弱等原因，很容易使植株倒伏。倒伏以后的种株一般趋向凋萎，种果伏地后易发芽或霉变，造成种子质量下降。因此，除种株控制施氮肥外，还应及时搭架防倒伏。

4. 去杂去劣

种子田去杂去劣是种子生产中保持品种纯度的重要技术。病株、弱株及混杂株的存在可通过天然杂交、病害传染等途径造成品种的迅速退化，故必须在种株开花前尽早将其除去。

（1）去杂去劣时期

① 营养生长期　营养生长期的去杂去劣对防止异花授粉作物的遗传性污染特

别重要。凡是植株形状、大小、叶片形态及颜色以及其他易于鉴别的性状之一明显不同于繁殖品种的典型性者，以及畸形株、感病株等，均须在开花之前彻底拔除。对于甘蓝、白菜等以营养器官为商品的蔬菜来说，营养生长期的去杂去劣对种子的遗传纯度具有决定性的作用。这也正是其原种生产必须采用大株留种方式的主要原因。

② 开花期　有的性状差异（如芥菜的花色差异等）在营养期不能表现，因而只有通过开花期的去杂去劣来防止遗传性污染。特别是在利用雄性不育系配制一代杂种时，开花期是除去不育系中那些带有可育花粉的植株的唯一有效时期。

③ 成熟期　此期的去杂去劣对于除去早期难于鉴别的杂株、劣株及其他机械混杂类型也很重要。果菜类作物在收获时进行去杂去劣，对鉴别果实、瓜条等的品种典型性也是必需的。成熟期的去杂去劣对成熟期这一性状本身的保持也具有不可替代的作用。

(2) 提高去杂率的技术要点

在生产原原种或原种时严格去杂，比在大面积的商品种子生产田去杂事半功倍。

① 种植时株行距适当，以便去杂时能够看到每个单株。具有不良性状的小植株可能被大植株掩藏。

② 要有序地逐行检查，不能一次检查行数太多。多人同时检查时，不要出现漏查株行。

③ 要将杂株整株拔除，不要留有残根或枝条，它们有可能再生长并产生花粉和结籽。

④ 最好在一早去杂，既可防止植株因萎蔫而无法辨别形态性状，又可减少阳光对眼睛的刺伤。检查时注意背对太阳。

⑤ 避免延误检查，杂株要在它们开花前尽可能早地拔除。

⑥ 记录杂株的类型和株数。

⑦ 除掉与种株杂交亲和的杂草和野生种。

⑧ 除掉被种子传播病害感染的植株或有关杂草。

5. 辅助授粉

在种株栽培中，由于实行了严格的隔离，所以要采取一些补充措施来辅助授粉，以保证种子生产的产量。在纸袋隔离条件下，通常只能进行人工辅助授粉，此法费时费工，故大面积种子生产中一般不采用。用纱罩、网室、温室或大棚隔离生产原种种子时，除进行人工辅助授粉外，还可向罩、室、棚内释放蜜蜂或蝇类以协助授粉，从而提高结实率。蝇类昆虫授粉对洋葱、大葱、胡萝卜等蔬菜作物的种子生产非常重要。

(1) 人工授粉　人工授粉是指通过人工操作来完成目的性种子获得的一项操作技术。通常在下列情况下采用人工授粉，如为提高种性进行株间混合授粉，自交不亲和系的蕾期自交，雄性不育系等亲本材料的设施内繁殖，某些繁殖系数较高的蔬菜杂种一代的制种。人工授粉的一般技术和操作要点如下。

① 授粉前的准备　根据蔬菜种类特点和种子繁殖任务，把具体的交配组合，及大体的计划交配花数确定下来后，进一步确定每一品种的具体株数、适时播种或栽植的时间，以便杂交时使父母本的花期相遇。同时根据授粉工作量，备好所需的人工及用具。授粉工具包括局部隔离用的羊皮纸袋、纱罩、曲别针、细绳、薄铁皮、嫁接夹等，清毒用的酒精棉球，去雄用的尖头镊子，授粉用的毛笔、授粉匙、玻璃管授粉器、蜂棒、羽毛、镊子等。在授粉之前，还要选择健壮的花枝和花蕾，疏去过多的及没有进行过授粉的花蕾、花朵、果实和花枝，以使养分集中，有利于授粉果实及种子发育。授粉前将花粉准备好，用生活力高的花粉，是保证良好授粉的又一重要环节。

② 去雄　去雄是指在花药开裂前，除去雄性器官或杀死花粉的操作，目的是为了避免自交。

③ 授粉　授粉就是用授粉工具将事先采集好的花粉涂抹在柱头上，或直接用采集的已开裂散粉的花药在柱头上轻轻摩擦，或将柱头直接伸入装有花粉的容器中沾着花粉。人工控制自交时，也可以直接采用花序上的花粉授粉，也可以摇振花序帮助花粉飞落于柱头上，如伞形科、百合科的蔬菜采用此法可以得到自交种子，但需种量较多时，仍以授粉器授粉为好。

④ 授粉用具消毒　为防止非目的性授粉，更换品种时，授粉用具、手指等必须用70%的酒精消毒。

(2) 授粉昆虫的利用　在种子生产中，为保持品种纯度，亲缘关系近的采种田之间必须隔离，但在采种田内的株间必须充分授粉才能提高品种生活力和种子产量。蔬菜作物中大多数为异花授粉，且又以虫媒为主。因此在采种制种过程中，放飞饲养昆虫，保证在一定空间内有足量的传粉昆虫是获得种子优质高产和提高 F_1 杂种杂交率的重要条件。同时，随着生产的发展，在亲本繁殖和杂交制种中，为确保种子产量和质量，很多单位已在温室、大棚、网棚等覆盖条件下进行人工授粉繁种，但是用人工授粉的方法，存在着授粉费用高、不均匀，容易损伤植株等问题。因而在设施蔬菜繁种上，研究和利用昆虫授粉已引起重视并已应用于实践。

传粉的昆虫种类很多，但是可作为采种利用的昆虫，必须具有特殊的素质，国外有人提出的条件是：采花性良好；黏着性良好；采花量多；能人工饲育；周年利用率高；可以少量地利用；环境适应性好；无害。符合上述条件，而且又为人们长期利用的昆虫，主要是蜜蜂，另外还有丽蝇、条纹花虻、豆小蜂等，但效果不如蜜蜂。

6. 蔬菜种子的收获、脱粒和干燥

蔬菜果实和种子的成熟期较长，许多蔬菜如十字花科蔬菜、莴苣等，在后期果实成熟前，先成熟的种子已经散落；有些果菜类，如番茄、黄瓜等，种果如不能及时采收，则造成落果或烂果，使种子的产量和质量均受到影响。因此，种株、种果应及时收获、及时脱粒取种、及时干燥处理，以提高种子产量和质量。

(1) 蔬菜种子的收获　对于非一次性成熟的种子，可根据成熟期的早晚，分批采收。如采用机械化收获，则应在大部分种子已基本成熟，种子损失量小于采种量的时候收获。采收过早，大部分种子未完全成熟，影响发芽力，甚至不能发芽；采收过迟，先成熟的种子大量脱落，种子损失量大。蔬菜种子收获时的材料包括干种子和干果（如十字花科蔬菜、豆类、洋葱、韭菜等），相对干燥的肉质果（如辣椒）、多汁的肉质果（如黄瓜、西瓜、番茄、茄子等）。根据收获材料的不同，对于果实较小的干果（如十字花科、伞形花科蔬菜），可采用收割植株法采种，而对于果形较大的肉质果或干果，可采用收获果实法采种。收获后的种株或种果应置于阴凉干燥处后熟一段时间后再行脱粒，这对于提高种子的千粒重和发芽率具有重要意义。

(2) 蔬菜种子的脱粒　将种子从果实中分离出来或将果实型种子从植株上分离下来称为种子的脱粒。脱粒的方法主要有以下几种。

① 滚压、锤打法　即碾压、锤打的方法处理已晾干的种株，使其脱粒，然后筛除夹杂物。

② 水洗法　直接用流水漂洗，除去种子中较轻的夹杂物和秕粒。

③ 发酵或酸解法　如番茄、黄瓜的种子与果实中果肉或胎座组织及种子周围的胶状物粘连，很难剥除或清洗，必须发酵1～2天，使种子与其脱离，然后水洗才能获得。或者用盐酸酸解15～20min，使种子与果肉及胶状物脱离，然后用水漂洗。

④ 干脱粒　对于辣椒、丝瓜、葫芦等果实老熟后成干果的蔬菜作物，可以直接剖果取种。

⑤ 机械脱粒　机械脱粒有数种类型，有用专用脱粒机脱粒的，有用与收割机结合在一起联合收割脱粒的，或者结合加工工艺，使种子与果肉分离。如在番茄酱的加工过程中，可用机器把果肉与种子、果皮、残渣等分开，然后从带有大量种子的残渣中，把种子清洗出来。

(3) 蔬菜种子的干燥　为了保持种子的活力和生命力，种子必须干燥，降低种子内的水分，以达到安全水分的标准，这样才能够保证种子质量，达到长期贮藏的目的。蔬菜种子可采用阳光干燥、通风干燥和加热干燥等方法。阳光干燥要求收获前使种子水分在田间自然下降，然后把收割的种株留在田间2天，把茎秆晒干，接

着在脱粒场上摊开，铺成薄层晾晒，脱粒后再晒干。通常将种子置于芦席上晒干，不要在水泥地上曝晒，也可挂藏风干种株，脱粒后再晒干。阳光干燥不需要特别的设备，可节省资金，但容易受天气变化的影响和增加机械混杂的可能。因此，干燥时应注意避免将种株摊在潮湿的场地晾晒，另外要专场专用，防止机械混杂。小粒蔬菜种子晾晒时下面应铺帆布等，以防影响种子净度。

通风干燥是利用送风机将外界冷凉干燥的空气吹进种子堆中，把种子的水汽和热量带走，使种子变干和降温。加热干燥是利用加热空气直接通过种子层，使种子水分汽化的干燥方法，对于蔬菜种子，加热干燥的温度最高不能超过43℃。

三、不同类型蔬菜品种的采种方式

蔬菜作物种类繁多，繁殖方式极其复杂，这便决定了其采种方法的多样性。但若根据蔬菜品种的遗传特征来划分，则可以将其采种方法概括为定型品种采种法和杂交品种制种法两大类。

1. 定型品种采种方式

我国蔬菜的地方品种绝大多数为定型品种，目前生产上应用的良种也有许多是定型品种，如自花授粉的豆类蔬菜，异花授粉的某些瓜类、叶菜类及根菜类蔬菜等。由于定型品种的种子可以代代相传，故其采种方法比较简单。只要根据品种的需要进行隔离，再针对品种的典型性进行严格的株选，在种株上直接采种即可。对以营养器官为产品的蔬菜定型品种，根据种株花芽分化时营养体大小（营养生长阶段完成的程度）可分为成株采种、半成株采种和小株采种三种方式。

(1) 成株采种　又称大株采种、老株采种、大母株采种。于第1年秋季培育母株，第2年春季定植（或原地越冬，多用于菠菜、芹菜等耐寒性强的蔬菜）采收种子。要求母株收获时，产品器官基本长成，如大白菜、甘蓝已结球良好，胡萝卜等根菜的食用部分已长至应有大小。适用的蔬菜主要有大白菜、结球甘蓝、苤蓝、根芥菜、薹菜、菠菜、大葱、洋葱、胡萝卜、芥菜、芫荽、茴香、莴苣等。

此种采种方法的最大优点是在种株生长发育期内可进行多次选择，故能保持种性。其缺点是种子生产成本较高且产量往往因气候条件和母株贮藏条件不良而不够稳定。所以主要用于原原种和原种的生产。

(2) 半成株采种　又称中株采种法。播种期比成株晚10～15天，利用产品器官尚未充分长成的植株作采种株。由于株龄介于幼苗和成株之间，性状基本可以显示出来，因而对种性保持有一定效果。此法成本较低，采种量高而稳定，适用于大白菜、甘蓝、菜花、萝卜、大葱、胡萝卜等原种及生产用种的生产。

(3) 小株采种　小株采种是种株在生长发育过程中不形成产品器官，而直接进入抽薹开花结籽的采种方法。采用此法可春播也可秋播，可直播亦可育苗移栽。需要注意问题是：春播时要注意通过春化阶段条件；秋播注意越冬保护，并于播种时注意垄的方向、密度；春季返青后（或定植时），根据苗期性状淘汰劣株。此法占地时间短，不需要贮藏，病害较少，制种成本低。但因不能鉴定经济性状，而主要用于繁殖生产用种。

定型品种种子的繁殖应采用成株采种法生产原原种和原种，再用此类种子经由中株或小株采种法大量繁殖生产用种。除种株选择外，隔离也是定型品种采种必须注意的重要环节。

2. 杂交品种的制种方式

目前，许多蔬菜作物如西瓜、黄瓜、番茄、茄子、辣椒、甘蓝、大白菜、萝卜等的 F_1 代杂交种已在我国大面积推广使用，杂交种的产量一般较其亲本增产20%～40%，因此经济效益显著。由于杂交种直接利用的是杂种一代，而杂种优势主要来源于等位基因间的异质结合及非等位基因间的互作，故一代杂种群体内各个体的基因型是高度杂合的，因而不能代代相传，只能连年采用二亲本杂交制种。杂交制种实际上包括两方面的工作：一是亲本的繁殖和保纯；二是配制一代杂种种子。亲本繁殖除特殊情况外，与定型品种采种方法基本相同，只是隔离要更加严格，保持亲本材料的纯度更为重要。生产一代杂种种子需由二亲本相间种植进行杂交，其原则是杂种种子的杂交率要尽可能地高。这便要求母本严格去雄，以防止自交或同胞交配发生，从而保证杂种种子的质量。根据去雄的方法不同，一代杂种制种方法可概括为以下几种。

(1) 人工去雄制种法　即用人工去掉母本的雄蕊、雄花或雄株，再任其与父本授粉或人工辅助授粉而配制杂种种子的方法。此法由于费工费事而受到种子成本与作物繁殖特性等条件的限制，如茄果类和瓜类蔬菜，由于花器大，容易进行去雄和授粉操作，费工相对较少，加之繁殖系数大，每果（瓜）种子可达100～500粒，因而成本低，故适于采用此法。而对那些花器较小，或繁殖系数较低的蔬菜，由于去雄、授粉等操作困难，工作效率低，加之繁殖系数不高，从而导致种子的生产成本增加，这类蔬菜（如豆科、十字花科、伞形花科、葱类作物等）便不宜采用此法。

人工去雄制种的具体方法是：将所要配制的 F_1 代组合的父、母本在隔离区内相间种植，父、母本的比例可视作物的不同和繁殖效率而定。一般母本种植比例应高于父本，以提高单位面积上杂种种子产量。亲本生长的过程中要严格地去杂去劣，开花前对母本实施严格的人工去雄，即雌雄同花者去除雄蕊，雌雄同株异花者摘去雄花，雌雄异株者则拔去雄株。然后，任隔离区内自由授粉或加以人工授粉，从母本植株上采得的种子即为所需的 F_1 代杂种种子。

(2) 利用雄性不育系制种　植物不能产生或释放有功能花粉的现象称为雄性不

育。利用遗传性稳定的雄性不育系作母本，在隔离区内与父本按一定比例相间种植，任其自由授粉或人工授粉而配制一代杂种即利用雄性不育系制种。雄性不育克服了去雄的困难，雌蕊能够正常发育，雄性不育单株上获得的种子是100%杂交种。因此，利用雄性不育系杂交种成为一代杂种种子生产的理想方法。目前生产上利用雄性不育系配制一代杂种的蔬菜已有洋葱、大白菜、萝卜、辣椒等。

利用雄性不育系制种必须有一个前提，即首先解决"不育系"（A系）、"保持系"（B系）配套问题，对那些以果实和种子为产品器官的作物（果菜类、粮食作物等），还须育成"恢复系"（R系），以解决"三系配套"。所谓"雄性不育系"，是指利用雄性不育的植株，经过一定的选育程序而育成的雄性不育性稳定的系统；所谓"保持系"，则指农艺性状与不育系基本一致，自身可育，但与不育系交配后能使其子代仍然保持不育性的系统；而"恢复系"则指与不育系交配后，能使杂种一代的育性恢复正常的可育系统。对于大多数蔬菜作物而言，恢复系并不是必需的，因为大多数蔬菜的产品器官不是种子而是营养器官，一代杂种只需能正常获得丰产即可。当然，杂优利用中除了不育系和保持系外，还必须有一优良的杂交父本系，从这一意义上说，虽然也需要三系配套，但对父本系并不要求有恢复杂种后代育性的能力。

（3）利用雌性系制种法　在雌雄同株异花的植物如瓜类蔬菜中，通过选育获得的只长雌花不长雄花的稳定株系称为雌性系。利用雌性系作母本，在隔离区内与父本相间种植，任其自由授粉以配制一代杂种种子。一般采用3∶1的行比种植雌性系和父本系。在雌性系开花前拔除雌性较弱的植株，强雌株上若发现雄花及时摘除，以后自雌性系上收获的种子即为一代杂种种子。此法也可省去去雄手续，降低制种成本。目前国内外的黄瓜杂交制种已出现较多采用此法制种的趋向。

（4）利用自交不亲和系制种　植株雌雄蕊都发育正常但自交不结籽的现象称为自交不亲和。利用遗传性稳定的自交不亲和系作亲本（母本或双亲），在隔离区内父母本自由授粉而配制一代杂种种子。此法不用人工去雄，经济简便，只需将父母本隔行种植，任其自由授粉即可获得一代杂种种子。当父母本都为自交不亲和系时，并且正反交杂种没有差异，可以从双亲上收获种子，所以种子产量高，成本低。因此，它是目前十字花科蔬菜，如甘蓝、萝卜等作物生产一代杂种的主要方法。

（5）化学去雄制种法　利用某些化学药剂处理母本植株，可以抑制花粉的形成及正常的生理功能，起到去雄的作用，而后与父本系自由杂交以配制一代杂种种子。目前蔬菜上报道过的杀雄剂有乙烯利、青鲜素、2,4-D、萘乙酸等。其中以乙烯利处理抑制黄瓜、瓠瓜雄花的产生在生产上已广泛应用。杀雄剂的施用一般采用水溶液喷雾法，通常掌握在花芽开始分化前及时喷洒处理，此后在适当的时日还应重复处理多次，以持续其杀雄效果。杀雄在蔬菜上的应用还处于试验阶段，不同的杀雄剂在不同的作物上的效果差异很大，在大量应用之前一定要试验使用时期、浓度及效果。

3. 花期调控

杂交种的双亲同期播种常常存在花期不遇的问题，造成严重减产甚至绝收。为了提高制种产量和质量，可采取下列方法调控花期，使父母本花期相遇。

（1）调整播期　根据父母本在同时播种时盛花期相差的天数多少，确定比正常播种期提前或延后的天数。晚开花的亲本提前播种、定植，早开花的亲本延迟播种、定植。安排错期播种时，要掌握“宁要父等母，不要母等父”的原则。

（2）栽培管理调控　如在苗期出现父母本生长快慢不一致时，可采用“促慢控快”法，对生长慢的亲本采取早间苗、早施肥、早松土或保温等措施，促其生长。对生长快的亲本则采取晚间苗、晚施肥、晚松土或降温的控制措施。

（3）花枝调整　摘除早开花亲本上先开花的花枝或花朵，使其后期的花和另一亲本的花期相遇。

（4）激素处理　赤霉素处理可以促进抽薹开花，邻氯苯氧丙酸处理可抑制抽薹，延迟开花。

第三节　种子质量降低的原因和防止措施

一、种子播种品质降低及防止措施

1. 播种品质降低的表现

种子的播种品质的降低主要表现为种子纯度低、净度差、千粒重小，播种后不发芽或发芽缓慢、出苗慢、出苗不整齐或幼苗长势弱，易感病害等。

2. 播种品质降低的原因

（1）种子采收前的影响因素　种子采收前种株的营养物质水平、留种果实的部位、授粉质量高低及果数、种子成熟度及采收期都是影响种子千粒重、生活力的主要因素，对种子的健康度也有一定影响。种子的贮藏物质是由种株输入的同化物质构成，这就要求种株具有良好的营养素质。为了获得饱满而且当代及后代生活力均强的种子，每个种株上种果的选留部位及留种果数必须适当。这对1年生的瓜类及茄果类蔬菜尤为重要。研究表明，番茄和茄子的第二层果实的种子，千粒重高、发芽势强、后代产量也高，黄瓜、西瓜也是同样的趋势；2年生十字花科蔬菜是以主枝及1～2次分枝中下部种子质量最好。此外，留种果数过多，会因营养不足，导致种果发育不良、种子千粒重降低。所以种株保留果数要有一定限度。

种子成熟度对种子质量的影响也较大。通常在种株上充分成熟的种子，质量最好；种果未充分成熟而采收的种子千粒重及生活力均会降低。由于种子成熟度与种果适时采收密切相关，所以对不同蔬菜从开花到种子成熟的日数及成熟的标准必须熟悉，并做好采收、脱粒的各项准备工作。

（2）种子采收后的影响因素　种子采收后的各项处理对种子质量亦有重要影响，如脱粒清选、干燥、贮藏、运输等，对种子的净度、含水量、色泽有直接影响，对生活力、健康度也有较大影响。如番茄和黄瓜取种时发酵时间过长或温度过高，辣椒种子采后未及时干燥，种子清选包装及贮藏条件差，种子的播种品质就会降低，所以种子采收后的各项技术措施必须保证做好。

3. 提高种子播种品质的措施

要使种子达到纯净、粒大、饱满、充实、生活力高，就要全面掌握和实施与之有关的各项技术措施。

（1）培育健壮种株　营养生长和生殖生长之间是相互依赖、相互对立的关系。生殖器官所需的养料，大部分由营养器官供给。因此，种子的良好发育是建立在营养器官健壮生长的基础上。植株生长过旺或徒长就会导致种子产量低，千粒重小。生殖生长过旺，就影响营养生长，使植株弱小，没有充足营养供给种果和种子发育，也导致种子千粒重下降和减产。所以在采种过程中，必须注意协调生殖生长和营养生长的关系。注意采种母株和种株的培育，生长发育关键时期的肥水管理，种株的植株调整，以及适当的栽植密度和病虫害的及时防治等。

（2）创造良好的授粉条件　蔬菜采种栽培以种子为收获对象，与商品菜栽培不同。花器发育好坏、授粉质量高低直接影响种果、种子的发育。要了解各种蔬菜的生长发育习性和花器正常发育及种子发育条件。注意选用优质的新鲜种子适期播种和定植，采取保护措施避免早春低温或夏季高温对花芽分化、发育及种果、种子发育的不良影响。此外，充足的花粉和适当授粉时间也十分重要。在 F_1 制种时，还要注意父母本的配比，并尽量延长父本的花期，以保证有多量的花粉供授粉用，增加异交率。

（3）加强授粉后的管理　授粉后的管理直接影响到种果、种子的发育好坏。授粉后应加强肥水管理，及时疏去多余的花果，用支架绑蔓以防止种株倒伏。

（4）适时收获　种株、种果必须适时采收才能保证种子质量。蔬菜种类不同，收获期也不同。收获期的确定主要是根据种子的成熟度，各类蔬菜种果的收获适期如下。

① 白菜类　角果呈黄色，种子不易用手压破，茎叶大部分衰老时收获为宜。大面积采种时，于清晨有露水时进行。

② 豆类　当荚果变硬，不必完全干枯，分批采收后，挂于通风的棚下或室内

晾干。

③ 茄果类　番茄、辣椒应在果实基本红熟时采收，而茄子可在果实将要变色时取下后熟。

④ 葱韭类　花球上部分果实开裂，露出黑色种子，将整个花球采下后熟。

无论哪种蔬菜，收获时不可将种株连根带土拔起，否则影响种子净度。同时一定将场地、器具清扫干净，防止机械混杂。

(5) 适当后熟　后熟就是让种子留在收获后的种株上或种果内一段时间，使种株、种果内的营养物质转移到种子内，以提高种子的饱满度和生活力。下列情况下收获的种株、种果需要后熟：一是同一种株开花、结实有先后，但需要同时收获，主要是2年生蔬菜；二是倒茬换茬或其他特殊情况需要提前收获时。各类蔬菜种果后熟时间长短，主要根据采收时种子的成熟度及后熟期间的温度、湿度条件而定。在后熟期间要注意防止过湿或过高的温度，以防种果腐烂及后熟不充分造成发芽率降低。

(6) 及时脱粒、清选、干燥　收获的种株、种果充分成熟后，应将种子从种果内取出，防种子完成休眠后在种果内发芽。果菜类的黄瓜和番茄的种子及果肉、果汁，要放在非金属容器内，任其自然发酵1～3天，并经常搅拌，勿使其发霉，待大部分种子与表面黏液分离沉入容器底部，及时用清水冲洗干净后晾晒、清选。切忌在水泥地上晾晒及高于38℃的高温干燥，以防降低种子的发芽率。

二、品种混杂退化及防止措施

1. 品种混杂退化表现

品种劣变指品种遗传纯度降低而导致种性发生不符合人们要求的变化，包括品种发生混杂和退化两个方面。

(1) 混杂　主要指品种纯度降低，即具有本品种典型性状的个体，在一批种子所长成的植株群体中所占的百分率降低。纯度降低，必然造成产量和质量的下降。混杂的程度越严重，即纯度越低，损失越大。

(2) 退化　主要表现为经济性状变劣，如大白菜、甘蓝结球率降低，小萝卜、大葱的先期抽薹；抗逆性降低，在生产中表现为发病率增高，病情加重，植株生长发育不良等，最终导致产量的下降；生活力衰退，表现为与上代比较或与同一品种的其他来源种子相比较，品种在株高、叶重、株重等方面的生长量或生长速度降低，生活力衰退。

2. 品种混杂退化的原因

引起品种混杂、退化的原因是多方面的，最根本的原因是缺乏完善的良种繁育制度，没有认真采取防止混杂退化的措施，对已发生混杂退化的品种又不能及时加以处理。品种混杂退化在技术上的原因很多，也很复杂，主要包括以下几方面。

（1）机械混杂　指某一蔬菜品种内混入同种蔬菜其他品种或其他种类蔬菜的种子，人为造成的当代混杂［图 3-2(a)］。品种间混杂由于种子和植株在形态上相近，因此田间去杂和室内种子清选时都难以区分，不易除净，故应特别防止发生。种间混杂虽因容易区分而易于解决，但也有不少蔬菜种子和幼苗亦难区分，因此也须加以注意。这种混杂就一批种子或一个品种群体来说是混杂的，但就一粒种子或一个单株来讲还是纯的。

机械混杂主要发生在良种繁育过程中，如在种株培育阶段，会因浸种、催芽、播种、分苗、定植、补苗等作业中，操作不严而造成机械混杂；或在种子的收获、后熟、脱粒、晒种、贮藏、调运等作业中，不按良种繁育技术规程办事，操作不严，使繁育的品种内混进了其他种类或品种的种子。另外，在不合理的轮作和田间管理条件下，前茬作物和杂草种子的自然脱落，以及施用混有其他作物种子的未经充分腐熟的厩肥和堆肥等也会造成机械混杂。对已发生的机械混杂如不及时清除，其混杂程度就会逐年加大。另外，机械混杂还会进一步引起生物学混杂，因此，异花授粉蔬菜机械混杂的不良后果一般比自花授粉作物严重得多。

（2）生物学混杂　在种子繁殖过程中，与其他不同品种、变种、亚种或类型发生了自然杂交（串花）而造成的［图 3-2(b)］。各种作物都可能发生生物学混杂，但异花授粉作物最为普遍，这是引起品种混杂退化的最主要原因。生物学混杂在种内最容易发生，有时也可以发生在种间，如白菜和芥菜，其杂交后结实率可达10%～15%。在影响自然杂交的因素中，除采种田的面积大小、传粉昆虫的种类和活动情况外，气候条件及采种田间的障碍情况也是重要的因素。

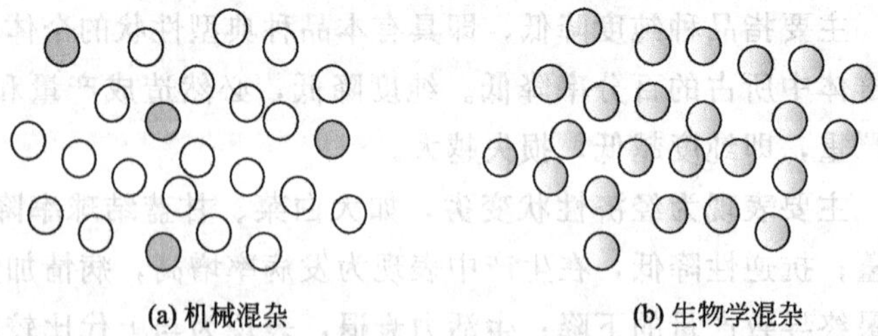

图 3-2　种子机械混杂和生物学混杂示意图

（3）采种方式或栽培环境不当　如大白菜、甘蓝、萝卜等 2 年生蔬菜，如连年采取小株采种，其经济性状和品种特征特性在各代中没有得到充分表现，不能进行连续选择而造成品种退化。如小萝卜连年用当年直播植株采种，易造成春季植株提早抽薹。

种株的栽培环境不当，会使品种的优良性状不能充分表现，影响选优留种的效果，从而导致品种的种性下降。如马铃薯在温暖地区作种用的块茎，常因感染病毒而退化，而在高寒地区留种的块茎就不易发生退化。再如温室黄瓜连年露地繁种，会使品种的抗寒性降低。

(4) 不重视选择或选择不当　一个品种在投入生产利用之后，由于自然条件和栽培措施不当，会使其品种特性发生变化。如不选优去劣，品种会不断向着与自然条件相适应的方向发展，而使人类需要的优良经济性状逐渐退化，因此，必须坚持选择。人工选择，是按人类需要进行选择，而自然选择是按有利于植物的生长和繁殖进行选择和淘汰的。如春甘蓝先期抽薹和十字花科蔬菜的裂荚性，都是有利于植物本身繁殖后代的，甘蓝食用部分是叶球，希望向有利于营养体生长的方向发展，所以要淘汰早期抽薹的甘蓝；大白菜为了收获种子，也应淘汰种株早裂荚的品种。因此，在良种繁育过程中，注意严格的选择，淘汰已发生变化的植株，防止不良基因和基因型的增殖。如果不重视选择或选择标准及方法不当，同样会引起品种的退化。

(5) 留种植株过少和连续的近亲繁殖　一个品种群体的一些主要经济性状的基因型应保持纯一性，而其他性状应保持适当的多型性。任何品种群体的基因型也不是绝对纯的。正是由于品种群体遗传基础较丰富，才能表现出具有较高的生活力和适应力。在良种繁殖过程中，如果留种株数过少，特别是异花授粉蔬菜的连续人工自交繁殖和授粉不良，都会造成品种群体内遗传基础贫乏，从而造成品种生活力下降，适应力减弱。当然，留种植株过少，由于抽样的随机误差的影响，必然会使上下代群体之间的基因频率发生波动，改变群体的遗传组成，就是基因的随机漂移。如果品种纯度高，留种量多，就可以大大减轻随机漂移的影响。随机漂移是影响小群体的遗传改变因子。此外，连续近亲繁殖，还会使一些不利的隐性基因纯合而表现出来，这也是造成品种退化的原因。

3. 防止品种混杂退化的关键技术措施

(1) 建立健全良种生产体系　建立良好的种子繁殖基地，严格实行种子分级繁殖制度，实现种子生产专业化。

(2) 严格隔离　对种株或采种地实行严格隔离，是防止天然杂交引起的生物学混杂以及非目的种子掺入而引起机械混杂的重要措施，对防止异花授粉作物的天然杂交尤为重要。隔离方式有以下三种。

① 机械隔离　又称器械隔离。主要应用于繁殖少量原种种子，其方法是在开花期采取套袋（局部）、网罩、网室等进行隔离。局部套袋可用纸袋（新闻纸、羊皮纸、硫酸纸等有韧性、耐雨淋的材料），如图 3-3 所示。网罩用纱布袋或尼龙纱制成，大小根据花序大小而定，网罩一般用于套少量植株，而网室则是较大面积的

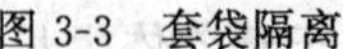
图 3-3 套袋隔离

图 3-4 网室隔离

机械隔离（可用塑料大棚骨架），材料可用金属网（铁纱、铜纱）、纱布，现在应用最多的是尼龙网纱（孔径大小以进不去苍蝇、蜜蜂即可），如图 3-4 所示。在采用机械隔离时，对异花授粉蔬菜必须解决授粉问题，因为异花作物无昆虫传粉时不能正常结实。当然在网室隔离时亦可用人工释放蜜蜂，或人工饲养苍蝇等，据国内外一些研究表明，利用苍蝇效果较人工或蜜蜂更好。

② 花期隔离　即时间隔离，主要采取分期播种、分期定植、春化处理和光照处理等措施，使不同品种的开花期前后错开，以避免自然杂交。由于蔬菜作物多数均在春、夏季开花留种，而且花期较长，因此尽管采取了分期播种、分期定植等措施，再加上摘心整枝以及使用生长调节剂等措施也很难使不同品种的花期完全错开，仍有部分交错。因此，只有采取不同品种分年采种的办法，才能达到有效的隔离，配有良好的种子贮藏条件。

③ 空间隔离　即距离隔离。这种方法是良种繁育中经常采用的，它既不需要网罩之类设备，也不需要采取调节花期的措施，而只要将容易发生自然杂交的品种类型，变种之间相互隔开适当距离进行留种即可。隔离距离的大小应根据作物传粉媒介、授粉方式和种子级别确定。表 3-1 列出了几种主要蔬菜的最短隔离距离。如采种田之间有建筑物、树林、高秆作物（如向日葵、高粱、玉米）或其他障碍物时，隔离距离可适当缩短。

（3）认真执行种子工作的各项操作规程防止机械混杂　首先是繁殖品种的田间布置要科学合理，除了应做好隔离工作外，留种地还应尽可能采用轮作，以免发生前后作物间的天然杂交；其次是在种子收获和加工过程中，要彻底对使用的容器、运输工具及加工器具等进行清洁，以清除以往残留下来的种子。种子堆放与晾晒时，不同类型及品种一定要分开且应保持较大的距离，以防风吹或人畜践踏而引起品种的混杂。最后，在包装、贮藏、运输及种子处理时，容器内外均应附上标签，除注明品种的名称和产地外，还应说明等级、数量和纯度等。

表 3-1　主要蔬菜作物的授粉方式及留种隔离距离

主要授粉方式	主要蔬菜作物	传粉媒介	隔离距离/m	
			原　种	生产用种
异花授粉	十字花科(白菜类、甘蓝类、芥菜类、萝卜、荠菜等)	昆虫	1000～2000	500～1000
	瓜类蔬菜(南瓜、冬瓜、西瓜、甜瓜、黄瓜等)	昆虫	500～1000	300～500
	百合科葱属蔬菜(大葱、洋葱、韭菜);藜科蔬菜(菠菜、甜菜);菊科蔬菜(莴苣、茼蒿);伞形花科蔬菜(胡萝卜、芹菜、芫荽等)	昆虫、风	1000～2000	500～1000
常自花授粉	蚕豆、黄秋葵、甜椒、部分辣椒及茄子品种	昆虫	500	200～300
自花授粉	番茄、茄子		300～500	50～100
	豌豆、菜豆、豇豆		100～300	30～50

种子生产中除应注意做好以上各方面的工作外，还应加强对各类种传病害的防治，并严格执行良种的签证发放制度，从而真正保证遗传纯度高、播种品质好的优质种子能够有效地应用于蔬菜生产。

(4) 定期提纯复壮　世界上没有永远固定不变的品种，任何性状稳定的品种，即使是老的地方品种，如果长期不采取保护措施，则会向不符合人们需要的方向改变，其改变的原因就是混杂和退化。

① 提纯　提纯是指将已发生混杂的品种种子，采用一定的选择方法按品种原有的典型性状加以选择，去杂去劣，从而提高品种纯度。品种提纯的选择方法较多，常用的有以下几种。

a. 混合选择法　根据植株的表型性状，从供选原始群体中选出符合选种目标要求的若干优良单株，混合采种。下一代混合播种于一个小区内，并在两侧分别播种原始群体和标准品种，通过鉴定，如产量和经济性状达到要求，即可繁殖推广。由于是根据表型进行选择留种，故又称表型选择法。根据选择的次数，也分为一次混合选择法和多次混合选择法，如图 3-5 所示。混合选择法多用于混杂严重的异花授粉蔬菜的提纯或结合生产改良现有品种和防止品种的混杂退化。为了对性状能系统和全面地鉴定，选择必须在一个世代里分几次进行观察选择。

b. 单株选择法　从供选群体中，选出具有本品种典型性状的若干优良单株，分别编号，分别采种，下一代分别播种在不同的小区内，每个小区内种植的植株是一个单株的后代，称为株系。每隔若干株系设一个对照小区，进行株系间及株系与对照品种间的比较，经过鉴定选出优良的株系。此方法又称系谱选择法或基因型选择法。如果株系间和株系内单株间差异均较大，则应再从优良株系内选出

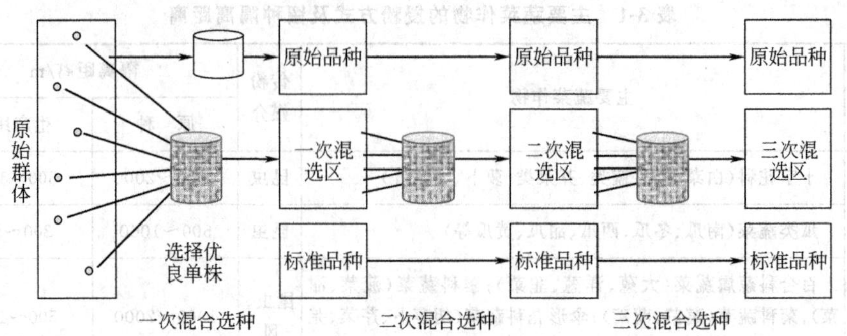

图 3-5 多次混合选择法示意图

优良单株，反复多次进行选择，直至性状和一致性符合要求为止，称多次选择法，如图 3-6 所示。这种选择法适用于自花授粉蔬菜。异花授粉蔬菜采用此法时，必须进行隔离和人工授粉自交，且选择次数不宜过多，否则容易引起品种退化。

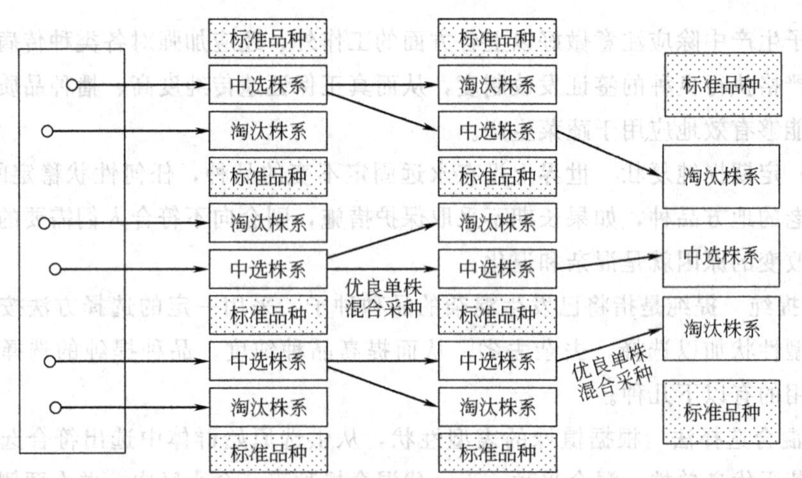

图 3-6 多次单株选择法示意图

c. 改良混合选择法 其是将单株选择法和混合选择法前后结合应用的一种方法。对原始群体进行株间目测时，性状差异不太明显的品种，一般是先进行一次单株选择。在株系比较圃内淘汰不良株系，再在选留的株系内淘汰不良植株，使选留的优良植株自由授粉，混合采种，然后再进行一代或多代混合选择。这种方法可以根据自交后代遗传性的优劣，淘汰不良株系，以后进行混合选择时可防止或减轻后代生活力的衰退，良种繁殖速度较快。这种方法（单株-混合）较适用于原始群体性状差异不明显的品种；而对于株间差异较明显的原始群体，先进行一次或几次混合选择，再进行一次单株选择（混合-单株），以提高种质质量，加快繁种数量。

d. 半分法　从原始群体中选择符合选种要求的优良单株，将每一中选单株的种子分为两份。一份种子播种于比较圃中不同的小区；另一份种子分别编上和在株系比较圃内各株系相对应的号码，贮存起来。比较圃内中选的株系不留种，下一代播种用贮存的另一份编号相同的种子。此法能省掉隔离采种的措施，也能避免系统间的杂交和不良株系对中选株系的影响，适用于繁殖系数高和种子寿命长的蔬菜，如瓜类等。

e. 母系选择法　与自花授粉作物多次单株选择方法相同，只是小区之间不实行隔离，可自由授粉，从入选单株上收获种子。选择只根据母本的性状进行，对父本花粉来源不加控制，所以称母系选择法。这种方法较简便，种子生活力不易退化，但选优提纯速度较慢。

f. 集团选择法　其是介于单株选择和混合选择之间的一种方法。在原始群体内选出优良单株，把性状相似的优良单株归并到一起称为一个集团。可选出几个集团，每一个集团内的优良单株自由授粉，混合采种。但集团间要防止杂交。各集团收获的种子，分别播在不同的小区内，进行集团与标准品种的比较鉴定，从而选出优良集团，淘汰不良集团。由于集团内株间性状相似，使集团内个体间性状一致性的提高比混合选择快，后代生活力不易衰退。常用于十字花科蔬菜的“双系选择法”，实质上就是缩小了的集团选择法。每个集团包含着性状更为相似的两个单株，集团内的两株也可以相互授粉，分单株采种，进行单系比较，也可以两株种子混合在一起进行双株系比较。此法于原始群体某些重要性状变异时采用。

② 复壮　复壮则是指通过异地繁殖，品种内交配，人工辅助混合授粉及选择等措施，使生活力和抗逆性衰退的品种得以恢复其生活力和抗逆性的做法。当某一品种生活力、抗逆性降低，退化严重时，可采取下列措施进行复壮。

a. 利用不同地区来源的种子或同一地区不同采种年份的种子，或用同一年份不同栽培条件下采收的种子进行品种内交配。

b. 利用异地采种或异地培养母株（2 年生蔬菜）的方法。

c. 采用株间授粉，即利用株间差异增加异质性，提高生活力。对于异花授粉蔬菜进行人工辅助授粉，可使母体接受足量的花粉以满足受精的选择要求，从而有利于增加生活力。同时，在原种的生产中选留的种株不能太少，一般不应少于 50 株，并注意避免都来自同一亲系，以免品种群体内遗传基础贫乏，从而导致品种生活力的降低和适应性的减弱。

d. 留种方面，小株留种的播种材料必须是高纯度的原种，其繁殖获得的种子只能供作生产用种，而不能供作繁殖用种。只有把小株留种繁殖生产用种同成株留种生产原种种子区分开来，才能防止因小株留种引起的品种退化，以保证品种的遗传纯度。

e. 选用种株最佳部位产生的种子和千粒重大的优质种子繁殖。

f. 从原选育单位重新引进同一品种未退化的种子。

采用提纯复壮的措施以恢复品种种性虽具有实用性，但也存在局限性。因为不是所有退化的品种都可以通过自身的提纯复壮得到恢复的。这就要求种子工作者要注意采取以防为主的措施，延长品种的使用年限，同时要不断培育出新品种以更换已经明显退化的老品种。

资料卡

蔬菜叶片扦插繁育法

用蔬菜的叶片进行无性繁殖，扦插繁育大白菜、花椰菜、甘蓝、芹菜、萝卜、油菜等，成苗率可在80%以上，而且扦插成活的植株抗病能力较强，后代的遗传性状稳定，是快速繁育蔬菜优良品种的好方法。蔬菜叶片扦插栽培育种的具体操作方法如下。

(1) 制作苗床　苗床要求地势高、排水畅、通风条件好，床面平整，床土疏松肥沃。在床面上铺一层1～2cm厚的细黄沙，使之成为沙泥双层苗床，以便蔬菜叶片的扦插和着床。

(2) 选留母体　选择具有蔬菜品种特征且无病虫害的健壮植株作母体，切取叶球中部的叶片扦插，叶柄基部需附有腋芽和一些分基组织。腋芽未萌动时，切口需离开叶片基部的中心。

(3) 激素处理　将切取的蔬菜叶片茎下部的切口浸入浓度为0.2%的吲哚丁酸溶液之中，2～3s后立即取出。注意不能让腋芽浸沾到药液，以避免抑制其发芽生长。

(4) 扦插管理　蘸取激素溶液后的叶片即可扦插于苗床上。插后要注意遮荫，避免阳光直接照射。苗床的温度保持在15～25℃，湿度保持在70%～80%。扦插后7～8天即可生根发芽。

(5) 移栽定植　蔬菜叶片生根发芽后，移栽到营养钵中培育，到次年开春后再栽到大田中隔离留种，株行距为55cm×60cm。田间管理与普通留种田相同。

小　结

蔬菜种子生产应以市场为导向制定生产计划，严格执行蔬菜良种四级繁育制度。蔬菜种子生产田的建立要具备一定的自然条件、设备条件和人文条件，种株的管理与一般商品菜生产管理不同，要严格去杂去劣，并进行辅助授粉。不同蔬菜的采种方式不同，以营养器官为产品的蔬菜定型品种，可分为成株采种、半成株采种和小株采种三种方式。杂交制种常用方法有人工去雄制种法、利用雄性不育系制种、利用雌性系制种、利用自交不亲和系制种和化学去雄制种法。

种子质量降低包括播种品质降低和品种混杂退化。生产中可通过培育健壮种株、创造良好的授粉条件、加强授粉后的管理、适时收获、适当后熟和及时脱粒、清选、干燥等措施来提高种子播种品质。品种的混杂包括机械混杂和生物学混杂，可通过建立良种生产体系、严格隔离和认真执行种子工作的操作规程来防止混杂。对于经济性状变劣的退化品种，可通过混合选择、单株选择等方法进行提纯，通过异地采种、品种内交配、人工辅助混合授粉及选择等方式进行复壮。

思考题

1. 简述种子生产的“四化”方针。
2. 绘图说明蔬菜种子生产的四级繁育程序。
3. 建立蔬菜种子生产田应具备哪些条件，遵循哪些原则？
4. 怎样提高去杂率？
5. 蔬菜种子脱粒常用方法有哪些？
6. 蔬菜杂交种常用哪些杂交制种方式？
7. 如何通过技术手段使杂交种的父母本花期相遇？
8. 如何防止蔬菜种子播种品质的降低？
9. 什么是品种的混杂退化？引起混杂退化的原因是什么？
10. 隔离包括哪几种类型？简述其具体措施。
11. 蔬菜种子常用的选择提纯方法有哪些？
12. 蔬菜种子常用的复壮措施有哪些？

第四章 瓜类蔬菜种子生产技术

目的要求 了解瓜类蔬菜的开花授粉习性，熟悉黄瓜、南瓜定型品种的种子生产技术，掌握黄瓜、南瓜、西瓜等瓜类蔬菜的杂交制种技术。

知识要点 黄瓜、南瓜和西瓜的开花授粉习性；黄瓜定型品种提纯方法；黄瓜、南瓜和西瓜的杂交制种方法。

技能要点 瓜类蔬菜制种的隔离、授粉和标记；黄瓜、南瓜种子脱粒；采种植株的管理。

第一节 黄瓜种子生产技术

黄瓜（*Cucumis satious* L.），又名胡瓜、王瓜，葫芦科黄瓜属1年生蔓性植物，是由分布在印度的喜马拉雅山麓到尼泊尔、锡金一带的野生黄瓜经长期栽培而来的。以后传播到世界各地，随着栽培地区自然条件及食用习惯不同，形成各种类型和品种。我国栽培的主要是华北型和华南型，近年来，北欧型无刺黄瓜在我国的栽培面积也不断扩大。黄瓜以嫩果供食用，其果实气味清香，营养丰富，可以生食、熟食、盐渍、酱制，各具风味，深受广大群众的喜爱。我国南北方各地都普遍栽培黄瓜，并利用不同的品种和栽培方式周年供应。

一、开花授粉习性

1. 花芽分化

（1）花芽分化的时间 黄瓜的花芽是在叶腋间分化的腋花芽，花芽分化进行极早，在正常栽培情况下，播种后15天左右展开第1片真叶时，在第3～4节叶腋分化出第1个花芽。播种后20天左右，第1片真叶完全展开时，第7～8节的花芽已分化。播后27天2片真叶展开时，第11节左右的花芽已分化，在这个时期，最初分化的3～4节花芽，进行性型的分化。播后48天9片真叶时，27节左右的花芽已分化，不久第16节左右的花芽开始了性分化。侧枝的花芽分化很早就进行，但比主枝的花芽分化迟，在主枝生长点7节以下才开始萌发侧枝腋芽，腋芽发育成侧枝才分化花芽。

（2）花的性别表现 黄瓜的花型有雌花、雄花两种单性花和雌雄同花的两性花三种。生产上所采用的常规品种多为雌雄同株异花型。黄瓜花芽分化初期，最初形态完全一样，具备雌雄两性花原基，此时黄瓜的花性尚未决定。以后如雄蕊发育成长，雌蕊则表现退化，形成雄花；如雌蕊发达则雄蕊退化，形成雌花。黄瓜花性型除受遗传的因素影响外，花芽分化期间的温度和日照时间对性型的分化也有一定影响，通常在温度较低、日照较短的环境条件下，能促进花芽向雌性转变，有利于雌花形成。此外，通过对幼苗进行激素处理，也能够人为调控黄瓜花性型的分化。

2. 开花与授粉

（1）花器结构　花冠5裂、有蜜腺。雌花单生或簇生，在花被筒内有3个雄蕊原基，其基部有明显环状蜜腺。雌花花柱短，柱头为肉质瓣状3裂，子房长，下位，3～5个心室，有数列胚珠，胚珠数达100～500个。雄花通常3～5个集生于叶腋间，3个雄蕊由5个花药组成，2个合生，1个单生，花药呈S状密集排列。在雄蕊的正中央，可以看到停止发育的雌蕊原基。

（2）开花授粉过程　黄瓜的雌花和雄花多在黎明时开放，雌花单花开放期1～2天，中午不闭合。其受精力以开花后3～4小时最高，以后逐渐降低。开花前后2天虽能受精结实，但种子量少。雄花开花后，当气温达10℃以上时花药开裂，花粉密布于花药整个表面，但花粉粒不散开，主要靠昆虫传粉。花粉寿命较短，在高温期开花后4～5h就丧失活性。但开花前1日下午已具有发芽能力。黄瓜由授粉到受精需4～5h。从开花到种子成熟，约需40天，后熟处理能显著提高种子质量和采种量。

3. 结果特性

（1）单性结实　黄瓜靠昆虫传粉，雌花受精后种子才能发育。有些品种，尤其是保护地栽培的黄瓜品种，不经传粉受精，雌花的子房照常发育膨大，这称为单性结果。单性结果这一性状，对在冬季无昆虫传粉的条件下结果是十分有利的。而对黄瓜采种，却造成果实累累的假象，实际上却无种子。因此要注意采种田授粉。

（2）回头瓜　黄瓜结瓜的顺序通常自下而上，但一些早熟品种，上部结瓜之后，又回到下部低节位结瓜。甚至在结过瓜的叶腋间也出现雌花，或者长出一短小侧枝，第1节就开花结果，这些瓜称为回头瓜。回头瓜对上市嫩瓜提高产量起很大作用，但作为种瓜因成熟度不够或混杂等原因，不能留种，应及时采收嫩瓜。

二、定型品种种子生产技术

1. 采种植株的栽培管理

（1）播种育苗　繁种栽培是以收获种子为目的的生产。因此，播种期确定应以保证种株授粉受精时期处于环境条件最适期，并且种瓜能最后成熟为原则。种瓜成熟比商品瓜需多30～40天的生育期，因此根据不同茬口适当安排播种期。春露地繁种为避免后期病虫害和雨季应适当提早育苗，秋季繁种应使种瓜在霜前能完全成熟。

(2) 定植和田间管理　因为留有种瓜的植株生长势比收摘嫩瓜的植株弱，所以采种田黄瓜定植密度应大于生产田，一般每亩（1 亩＝667m^2，全书同）可定植 4500～6000 株。

黄瓜采种田更要注意增施有机肥，除猪、牛粪沤肥之外，增施鸡粪、豆饼等精肥，同时在结果期注意增施磷钾肥。蹲苗结束后隔一水追一次肥，种瓜采收前 10 天停止浇水，防止烂瓜。幼苗定植缓苗后及时插架或吊蔓。为防止营养生长过剩，不留种瓜的侧枝应及时除去。中晚熟品种第一雌花出现节位高，第一条瓜就应留种，而早熟品种 3～4 片叶就出现雌花，第一雌花是否留种，视植株的生长情况而定。如果植株发育健壮，第一雌花就应留种；如果植株生长势弱，叶片很小，则第一雌花在未开之前就应摘去，使养分集中到营养生长上去，等第二雌花出现再留种。如果黄瓜的适宜生长期很长，每一植株上能留 2～3 条种瓜，而且留种节位有调节的余地，第一雌花可不留种。如果黄瓜的适宜生长期很短，每株只能留一条种瓜，那么留种节位调节余地就很小，第一雌花应及早留种。2～3 条种瓜坐住之后，应在种瓜以上留 5～6 片叶打顶，使营养集中到种瓜上，控制植株继续生长。

2. 定型品种的提纯复壮

黄瓜是异花授粉作物，自交率只有 30%～35%，需靠昆虫进行异株授粉，有些昆虫飞行距离较远，即使进行了隔离，也不免有少量的异品种花粉传入。另外品种经多代繁殖，一些隐性性状逐渐分离出来，这些都是品种越种越混杂的原因。因此，黄瓜繁种不仅要注意隔离，更要注意原种的纯度。选留原种和提纯复壮的方法主要有以下几种。

(1) 单株混合选种　即原种—良种—生产田。这一方法适用于品种纯度较高、品种性状没有出现分离的良种田。在开花初期、嫩瓜期、种瓜成熟期对大量的种株进行 3 次挑选。开花初期，早熟品种选雌花节位低、开花早、生长势强的植株；嫩瓜期，从嫩瓜的商品性，如皮色、刺瘤、瓜形、品质以及雌花率、生长势等方面选择；种瓜老熟期，从种瓜的皮色、瓜形、网纹等方面进一步选择。经 3 次去杂去劣选出的种瓜混合采种，第 2 年作原种来繁殖良种。

(2) 单株选种　即单株—原种—良种—生产田。在品种纯度较高的良种田中，严格选出的优良单株，第 2 年按单瓜的种子栽培成株系。在不同的株系中再进一步挑选性状符合要求的优良株系，淘汰不良株系。优良株系留种后作为原原种，原原种再繁殖成原种，然后再用原种繁殖良种。

(3) 自交选纯　即单株自交—分离（优良株自交）—分离（优良株自交）—株系留种—原种—良种—生产田。黄瓜自交后产生分离，分离后的优良植株继续自交。

自交 2～3 代后性状基本稳定，不再分离。株系繁殖成原种，原种再繁殖成良种。自交选纯是一种很有效的提纯方法。黄瓜自交后生活力减弱不明显，自交代数越多，品种纯度也越高。

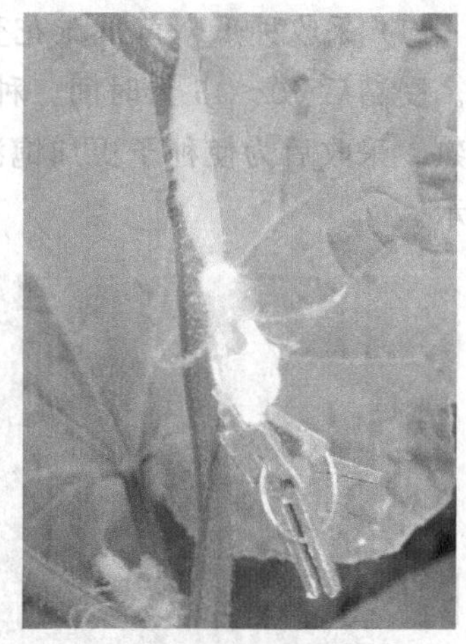

图 4-1　嫁接夹束花

黄瓜是异花授粉作物，自交提纯时需进行严格的隔离，并进行人工授粉。具体步骤如下。

① 选株　在第一个雌花开放而第二个未开之前，选择符合品种特征特性的优良植株进行标记。

② 束花　为防止雌雄花开放后昆虫带入异株花粉，在开花前一天，就应将花瓣已变鲜黄的大花蕾扎住，第二天花虽已开放，但花瓣不能张开，昆虫不能钻入取蜜。束花有多种方法，如用塑料嫁接夹夹住花冠（图 4-1），或用 5A 保险丝将花冠扎住，束花的部位是在花瓣的中部，束花的位置距萼片太近或在花蕾顶部，则花瓣会照常开放，不能起到防止昆虫的效果。

③ 授粉方法　开花当天上午解开雌花捆扎物，摘下雄花，剥去花瓣，用花药在雌花柱头上轻轻涂抹，然后重新扎好授过粉的雌花花冠，防止昆虫再次传粉。最后挂上纸牌，注明品种、株号，及授粉日期。换授另一株时，用酒精擦洗手指，杀死手指上残留的花粉，防止花粉带到另一植株雌花上去。

3. 隔离、去杂去劣及辅助授粉

若原种的纯度很高，不需进一步提纯，可采用品种间隔离和去杂去劣法进行繁种。从第一雌花出现到采收种瓜都要注意去杂去劣。即随时将不符合本品种特性的黄瓜种株淘汰。从植株上如发现侧枝、第一雌花节位与本品种差异太大，从嫩瓜上看果形、刺瘤、皮色等不符合本品种特征的植株，就应及时拔掉。同时将畸形的种瓜、烂果淘汰。隔离可采用空间隔离和网室隔离两种。还要防止一家一户房前屋后种的零星栽培黄瓜的花粉传入。网室隔离需进行人工或昆虫辅助授粉。

黄瓜具有单性结实的能力，但果实内无种子。因此，采种瓜必须授粉。蜜蜂、蝴蝶、苍蝇等昆虫都是携带花粉的媒介。如果连续不断地喷杀虫药剂，杀死了传粉的媒介，对黄瓜采种将大受影响。因此，采种田在开花结果期要保护昆虫，有条件还应放养蜜蜂，增加传粉媒介。在温室大棚中采种，或在露地采种遇阴雨天气，昆虫很少，就要进行人工辅助授粉，方法与自交提纯时人工授粉方法类似，只是换株授粉时不需用酒精消毒手指。还可用毛笔刷取花粉，在柱头上涂抹。在开花坐果期每天反复授粉，能显著地提高种子产量。

4. 采收种瓜及脱粒

(1) 采收种瓜　黄瓜雌花受精后 25 天左右，种子已有发芽能力，但尚未饱满。受精后 40～45 天时间，种子才能饱满。因此，种瓜应留在植株上使其充分成熟。采收后为使种子更加饱满应在阴凉处后熟 1 周。黄瓜成熟的种果如图 4-2 所示。

图 4-2　黄瓜成熟的种果

(2) 脱粒　洗种时应先剖开种瓜，将种子和瓜瓤一起掏出，放入缸内发酵，注意不要用金属容器，金属容器会使种子变黑。发酵的种子也不能加水，加水就会稀释瓜瓤中抑制种子发芽的物质，使种子在发酵过程中就会发芽。发酵的时间视温度而定，温度高时 1～2 天就发酵，种子脱离瓜瓤后下沉，瓜瓤漂浮在上。发酵过度，种子色泽变灰，失去光泽，甚至影响发芽率，经发酵后的种子放入清水中漂洗，沉入底层的是饱满种子，浮在上面的是秕籽，和瓜瓤发酵物一起漂洗掉。洗出的种子放在苇席或网纱上晾晒 1～2 天，切忌放在水泥地上暴晒，这样会灼伤种子，降低发芽率。合格的种子外观洁白，无杂物，含水量低于 9%，发芽率 95%以上，千粒重 25～30g。

少量采种或单株采种，可以不用发酵直接洗籽。方法是将种子和瓜瓤放入纱布中，在盛水的盆中搓洗，使种子脱离瓜瓤，然后都洗入盆中，种子沉入底层，瓜瓤和秕籽浮在上面，将浮物漂洗掉，得到干净的种子。这种方法比发酵法洗出的种子更为洁白有光泽，发芽率高。

每条瓜的采种量多少与品种和授粉质量有关。通常每条种瓜含 100～200 粒种子，多者可达 400～500 粒。种子的多少与果实大小没有多大关系。通常繁种每亩收种子 15～30kg，最高可达 50kg 以上。

三、一代杂种制种技术

黄瓜的一代杂种优势很强，有显著的增产效果。近几年来育成的黄瓜新品种，大多是一代杂种。制取一代杂种的亲本自交系应按原种种子生产技术进行生产，如果自交系纯度不高，应按原种种子的提纯复壮方法进行提纯复壮。一代杂种制种的主要方法有以下几种。

1. 人工杂交制种

黄瓜为雌雄同株异花，花朵大，人工杂交容易操作，因此，在人力充足或制种面积不大的情况下，人工杂交制种是可行的，并且已在生产上应用。

为了使花期相遇，并使雄花多于雌花，一般父本比母本提前5～7天播种。父母本的定植株数比例为1∶4或1∶6。父本雄花多可以少栽。父母本可以隔行栽，也可以分两处栽。授粉前一天下午将次日将开的母本雌花花蕾和父本雄花花蕾用嫁接夹或其他捆扎物束住，束花数雄花应多于雌花。开花当天上午授粉时将雄花摘下，除去花冠，再将当天开放的雌花花冠打开，用雄蕊涂抹雌花柱头。授过粉的雌花继续束花隔离，并挂牌或用彩线系住花柄作为标记，用以标记授粉天数和种瓜的真伪。授粉工作最好在上午完成。在开花期间要连续授粉，每株授5～6朵雌花。因植株营养分配的关系，能够发育膨大成种瓜的只有2～3条。在授粉期和种瓜膨大成熟期，要不断检查摘除未授粉的嫩瓜，特别要注意摘除回头瓜。

2. 利用雌性系杂交制种

普通黄瓜雌雄同株，即植株上既有雌花，又有雄花，雌性系黄瓜植株上则只有雌花，而无雄花。因此，以雌性系作母本，配制一代杂种就无需去雄，而且所制的一代杂种纯度很高。另外，雌性系对黄瓜的雌雄同株是显性。因此，雌性系配制的一代杂种也是雌性性状较强，表现为早熟、花密、采瓜期集中、丰产性强等特点。

(1) 雌性系的选育及保存　选育雌性系黄瓜有两条途径。一是大田选育，在很多黄瓜品种中广泛存在有雌性株或只有1～2朵雄花的强雌株，通过多代自交纯化，可以育成雌性系黄瓜。二是转育，是用已育成的雌性系，与雌雄同株型黄瓜杂交，一代代自交提纯，可以获得性状符合育种者要求的雌性系。

雌性株黄瓜的提纯和保存，也是利用黄瓜花芽分化初期花性未定的原理，用药剂处理后使花芽向雄花发育。在雌性系选育过程中，幼苗期还未能确定其是否是雌性株时，则让植株继续生长，长到5～6片真叶时，将雌性株的生长点摘去，将蘸有0.2%～0.4%赤霉素的脱脂棉放其伤口处，使赤霉素缓慢进入植株内，以诱导雄花形成。3～5天后，长出侧枝，留下一个最健壮的侧枝，其余侧枝打掉，15天左右侧枝的第5～6节处便能诱导出雄花，用自交或姊妹交的方法来保存雌性系，这样经过几个世代，即可选纯雌性系。对已经是雌性系的植株，繁殖其后代的方法，是在植株长到二叶一心时，在花芽分化初期，用0.2%～0.4%的赤霉素溶液喷叶面和生长点，隔5天再喷一次；或用浓度为300～500mg/L的硝酸银溶液在二叶一心期喷药，隔3～4天喷一次，共喷3～4次，都可以诱导产生雄花。在隔离条件好的情况下，可以利用昆虫自然授粉；隔离条件差，则可用人工授粉。无论是赤霉素还是硝酸银诱雄，雄花的诱导率，一般只达40%左右，而且还有花期不遇的问题，因此，繁殖雌性系还要用人工辅助授粉姊妹交的办法解决。

（2）雌性系制种方法　优良的杂交组合确定之后，就可以制种。定植的比例为3∶1，即母本雌性系黄瓜为3行，父本普通黄瓜为1行。由于雌性系黄瓜开花早，父本黄瓜就要提前7天左右播种，以保证父母本植株花期相遇。雌性系黄瓜本身存在一定比例的杂合体，多的占20%左右，纯度高的也占4%～5%，杂合株一般在3～4片叶时，叶腋间出现雄花花蕾，而纯雌株在3～4片叶时，每个叶腋间既不出现雌花花蕾也不出现雄花花蕾。杂合株在定植前就能识别，雄花多的杂合株，定植前应淘汰，定植后还会出现第1～2节有少量雄花的强雌株，而5～6节以上则全是雌花，对于这些强雌株，虽非纯雌株，只要及时摘去雄花花蕾，植株不必拔除。后期受温度等条件的影响，10节以上也可能会出现少量雄花，这些雄花在蕾期应及时去掉并及时打顶。利用雌性系作母本配制一代杂种，花期任其自然授粉即可获得杂交种，大大节省了授粉的工作量。有时为了增加种子产量，也可采用人工辅助授粉。

3. 化学去雄自然授粉制种

大面积制一代杂种靠人工授粉，用工量大，成本高。为解决这一问题，利用黄瓜花芽分化初期花性未定的原理，用化学诱导的方法，可使母本植株只开雌花，不开雄花。

目前应用的黄瓜去雄剂为乙烯利，应用乙烯利为黄瓜去雄时，首先将40%的乙烯利原液对水成1200～1500倍稀释液，浓度为250～300mg/L。黄瓜母本早熟品种，在小苗2片真叶刚刚展开时进行药剂处理；中、晚熟品种选择在2片真叶充分展开，并有1片心叶时进行药剂处理。喷药时，应选择早晨或傍晚无风时候进行，此时空气湿度较大，药液可有较长时间停留在叶片上供吸收。尤其是处理直播苗，更要压低喷嘴，严禁药液喷撒或飘移到父本上。以后每隔4～5天喷一次，共喷3～4次。处理后的幼苗前期生长会出现不同程度的抑制现象，如节间变短，生长缓慢，这都属正常现象。喷药后要适当提高苗床温度，白天25～30℃，夜间18～20℃，并采用0.2%的尿素或0.2%的磷酸二氢钾，进行叶面追肥。直播苗结合浇水每亩追施10kg尿素，促进幼苗生长。

经过处理的幼苗，待长到定植标准，按父母本1∶2比例隔行定植，每亩定植5000株左右。乙烯利的浓度适宜，处理得当，母本植株在10～15节出现的全是雌花，由昆虫自然传粉，母本植株上所得的种子，即为一代杂种。但应用乙烯利去雄，由于药剂的纯度、浓度以及黄瓜的品种和喷药气候条件等影响，在处理后的母本株上还会出现个别雄花，特别是15节以上更容易出现，虽然花数不多，但对种子纯度有极大影响。因此必须进行田间逐株检查，在蕾期及时摘除母本上的雄花，种瓜坐瓜后，及时打顶，防止上部出现雄花，这样会避免出现假杂种。

一代杂种的种果采收和种子脱粒同定型品种种子生产。

第二节　南瓜种子生产技术

南瓜原产于热带，是葫芦科南瓜属1年生草本植物。我国栽培的南瓜主要有3个种，即中国南瓜（*Cucurbita maschata* Duch.）、印度南瓜（*C. maxima* D.）和美洲南瓜（*C. pepo* L.）。中国南瓜又称南瓜、倭瓜、饭瓜；印度南瓜又称笋瓜、玉瓜；美洲南瓜又称西葫芦。另外，在云南省还栽培有黑籽南瓜（*C. ficifolia*）。南瓜的适应性很强，能在不适宜耕作的土地上生长，因此，在全国各地广泛栽培。南瓜营养丰富，是我国的传统蔬菜，特别是美洲南瓜近年来在保护地内的栽培面积逐渐加大，已成为保护地主栽蔬菜种类之一。

一、开花授粉习性

1. 开花习性

（1）花的性别表现和着生位置　南瓜花通常为单性花，植株上有雌花和雄花两种花型（图4-3）。中国南瓜一般于主蔓第7～15节着生第1雌花，以后每隔3～5节生一朵雌花；侧蔓多在第4～5节着生第1雌花，以后每隔3～4节生一朵雌花。愈靠近茎蔓基部的侧枝，第1雌花着生之节位愈远，接近主蔓先端的侧枝，往往第1～2节就能着生第1雌花。通常一株南瓜可着生雌花30朵左右，雄花量大大高于雌花。西葫芦雌花着生部位，较中国南瓜低，矮生品种第4～5节、半蔓性品种第7～8节着生雌花，蔓性品种第10节以上开始着生雌花。印度南瓜茎粗叶大，生长势强，早熟品种于主蔓第5～7节开始着生雌花，晚熟品种则在第10节以上开始着生第1雌花。

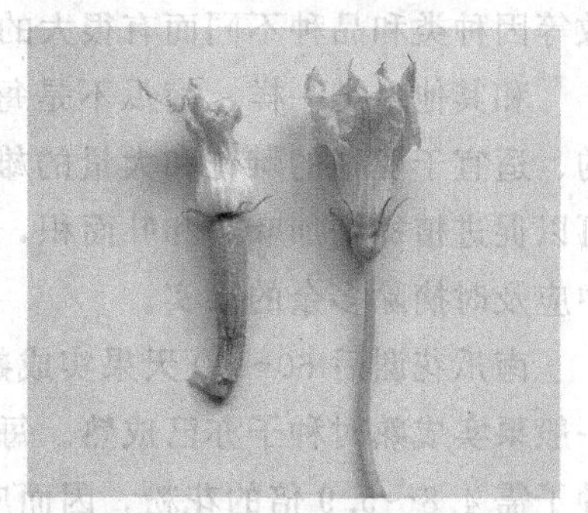

图4-3　西葫芦的雌花和雄花

（2）花器结构　南瓜花单生，花冠大，鲜黄色，花冠5裂，花瓣合生成喇叭状或漏斗状。雄花花梗细长，有雄蕊5个，合生成柱状，花粉粒大。雌花花梗粗壮，子房下位，一般为3个心室，6行种子着生于胎座，也有的为4个心室，着生8行种子。从子房的形态可以判断以后的果形。中国南瓜和其他瓜类蔬菜一样，一般是先开雄花，然后再开雌花，但西葫芦有时先开雌花，同样情况在印度南瓜中也可见到，这给授粉工作带来困难。

2. 授粉习性

（1）授粉媒介　南瓜为异花授粉作物，在自然授粉条件下，异株授粉结果率占65%，自交的占35%，利用异株花粉结果的植株占多数。由于其花粉粒大而重，并有黏性，风不能吹走，授粉一般由蜂、蚁完成。据试验，人工授粉结果率为72.6%，而自然授粉的结果率只有25.9%，人工授粉对提高结果率极为显著。

(2) 种间杂交　植物种间杂交为远缘杂交。远缘杂交能得到种子的并不多，而南瓜种之间，有的杂交结果率很高。尤其是以印度南瓜为母本，中国南瓜为父本，结果率达39%，反交结果率为41.8%。南瓜的种间杂交，为育种工作开辟了一条新的途径，而对留种隔离也带来容易忽视的问题。

(3) 授粉的适宜时间和环境条件　南瓜花的寿命短，在适宜条件下，花通常于上午5～6时开放，中午花冠开始闭合，傍晚雄花花冠开始萎缩，雌花可维持稍长一段时间。雌花开放后柱头分泌大量橘红色黏液时为最佳的授粉时间，此时授粉坐果率高；而开花前后1天的雌花授粉，坐果率低。雄花在开花前1天，花粉即成熟，而用开花前2天的雄花花粉授粉，结实极差，因此授粉必须在开花当日上午抓紧进行，而且最好在8时以前进行，10时后授粉结果率很低。南瓜花药开裂和开花最主要的影响因素是温度，其花粉成熟的最低温度是8～10℃，开花结果要求在15℃以上。

3. 结实习性

南瓜果实形状、大小、色泽、花纹以及由坐果到成熟的时间、果实内种子的粒数等因种类和品种不同而有很大的变化。

和其他瓜类一样，南瓜不是每一朵雌花都能形成果实，一株虽有几十个潜在的、适宜于受精的雌花和大量的雄花，但坐果率一般在50%左右。由于采收嫩瓜可以促进植株增加叶数和叶面积，从而增加光合生产率和植株的寿命，因此在采种中应及时摘除多余的果实。

南瓜花谢后60～90天果实成熟，果实的生长与种子的生长发育是同时进行的。一般果实成熟时种子亦已成熟。每果有种子300～400粒。有人观察，南瓜结一粒种子需4.8～5.9倍的花粉，因而应用多量花粉和人工辅助授粉可提高结籽率。花后40天采收、不进行后熟的果实，种子发芽势极差，而花后40～50天采收，进行10～20天的后熟，发芽率和种子千粒重显著提高。

二、定型品种的种子生产

1. 采种田的管理

(1) 采种田的选择　采种地宜选择土壤肥力中等，pH 5.5～6.8的地块，氮肥过多，易使营养生长过旺，导致落花落果。不同品种采种地之间距离要在1000～1500m，以防自然杂交。同时也要注意不同南瓜种之间的隔离，印度南瓜和中国南瓜之间也须隔离1000m以上。美洲南瓜与印度南瓜或中国南瓜，杂交率极低，不必隔离。

(2) 种株的田间管理　南瓜采种田与生产田栽培管理基本相同。可以采用育苗移栽，也可露地直播采种。春季露地直播虽然省工，但授粉后会遇上高温天气，易发生病毒病，影响种子产量，严重时会使种瓜带毒。早春育苗移栽采种法可使种瓜成熟前避过病毒病的大发生，原种生产多采用此法。

南瓜的苗龄以 25 天为宜，可据此推算播种育苗时期。南瓜易生侧枝和不定根，要根据不同类型、不同品种、不同开花结果习性和不同采种方法进行定植和管理，每亩定植 500～2000 株。原种生产中，要特别注意对种株的摘心、整蔓。中国南瓜和印度南瓜生长旺盛，主枝雌花出现较晚，但它们的侧枝结果较早，因此可将主蔓进行摘心，促使提早抽生侧枝以达到提早结瓜的目的。侧蔓坐果后，留 5～6 片叶亦行摘心，使其不再继续长蔓，有利于果实的发育。西葫芦的矮性品种以主蔓结果为主，侧枝不发达，可以不摘心。另外，爬地式栽培的南瓜，除摘心外，还要压蔓，以促进节间生根，对稳定植株、扩大吸收面积是很有利的。种株生长期间注意防治病虫害。

2. 去杂去劣和提纯复壮

如原种纯度高，可在采种田进行多次检查，拔除杂株劣株。如原种纯度降低，则应适时对原种进行提纯复壮。可在大面积生产田中，于第 1 雌花开放后第 2 雌花开放前，选择符合本品种特征特性的植株作标记。然后对标记植株的第 2～3 朵雌花进行人工隔离，即在开花的前一天，将花蕾用细绳或细铅丝束住花冠，同时也将未开的雄花花蕾束住，第二天清晨进行人工授粉。授粉时将雌花花冠打开，取异株上的雄花，除去花冠，将雄蕊上的花粉均匀地涂抹于柱头上。授粉完毕，雌花花冠仍然束住，然后在花柄处挂牌标记。种瓜成熟后，须经严格选择，符合本品种特征特性的种瓜才能作原种采种，以确保原种纯度。以采收老瓜为主的南瓜，在剖洗种子的过程中，应对其品质进行鉴定。

3. 人工授粉和留瓜

人工授粉能显著提高结果率和种子产量。因此，在开花期间，每天清晨雄花散粉后给当天开放的雌花进行人工辅助授粉。方法是用雄花花粉均匀地涂抹到异株雌花柱头上，授粉前和授粉后都不必束花。主蔓上第 1 雌花结的果较小，因此一般不留作种瓜，应在花期及时摘除。第 2 雌花后结的果可留作种瓜。早熟品种雌花密，果小，每株可留 3～4 个种瓜，中熟品种每株留 2～3 个，晚熟品种大果型每株留 1～2 个。坐果太多，应在幼果期摘除。在嫩瓜和老熟瓜阶段，根据果形、皮色、植株生长势等进行选择，淘汰不符合品种典型性的果实和劣果病果等。

4. 种瓜的采收和脱粒

(1) 种果收获与后熟　通常授粉后 50 天左右，种瓜达生理成熟，果柄出现纵向木质化浅黄色的浅沟，表皮坚硬且附有一层白粉时即可采收，采收时防止碰伤果皮。采后的种瓜不宜立即剖瓜取籽，而应放置于遮阴通风的贮藏室，视成熟度不同适当后熟10～20天。后熟时间切勿过长，否则种子会在瓜内发芽。

后熟过程中发现腐烂的果实要立即取出种子。从腐烂果实中取出的种子外观形态差，饱满度不良，所以不要与其他好种子混杂一起，要单收单放。为了很容易发现腐烂果实，不要把果实堆成大堆，要尽量平铺散开。

(2) 脱粒和干燥　脱粒一定要选择晴天的早晨进行，如果在半夜里或中途下雨受害就会发霉，严重地影响种子的外观，降低种子的商品价值。

① 直接脱粒　用刀纵切后用手掰开，将种子从瓜瓤中挤出，可挑净瓜瓤后直接晾晒。

② 水洗脱粒　将种子与瓜瓤一起取出，用筛子（禁止用金属筛）过滤、挤压，把黄汁和其他杂物与种子分离，然后放入适量糠，搓去种子表皮的海绵物，再把种子放入非金属容器里水洗，把漂浮上来的种子捞上来。

③ 干燥　把水洗过的种子在窗纱上（窗纱要与地面隔离）薄薄地铺上一层，放在阳光下通风处进行晾晒。待表面干燥后再进行翻动。夜里放在通风的地方，第二天继续在阳光下干燥。当把种子晾到互相撞击发生哗啦声、水分降到8%以下时，就可以装入棉布袋或编织袋（严禁用纸袋或塑料袋），放在通风干燥处贮藏，严防鼠、鸟、虫、禽畜等意外的损害。

晾晒好后，选择晴天，每隔4～5天，就要把种子搬到外边阳光下进行翻动晾晒一次，防止吸湿反潮。

三、一代杂种制种技术

南瓜一代杂种的利用，主要是西葫芦和小型南瓜。由于南瓜花形较大，人工授粉工作简单省工，一个授粉工半天可授粉200～300朵，一个瓜结籽100～400粒，繁殖系数较高，生产成本低。因此，杂交种种子生产常用的方法是人工杂交制种。现以西葫芦为例，简要介绍一下南瓜的采种技术要点。

1. 制种田的栽培管理

西葫芦为短日照植物，低温和适当的短日照有利于雌花着生。育苗中应加强温度管理，以促进雌花的形成和发育。一般日照以每天8h为宜，温度白天以20～25℃、夜间以12℃左右为宜。如果温度过高，白天超过30℃，夜间超过15℃，则使雌花形成过迟，同时容易发生病毒病。种子在13℃可以发芽，但是发芽适温20～25℃，温度过高过低对发芽均不利。

选择在肥力中等，排水、灌水方便，pH 5.5～7.5砂质壤土作西葫芦的制种田。制种田空间隔离距离应在1500m以上。在空间距离不够时，可在网棚内繁制。

在不受晚霜危害的前提下，尽可能早育苗，早定植，进入高温雨季之前完成制种工作。亲本需在3月中旬在设施内育苗，父本通常需早播1周左右，主要是为了增加前期授粉的雄花数量。5月上中旬定植于露地，定植前制种田施足土杂肥，并每亩撒施25kg复合肥，然后整平地面，做成1.2m宽的平畦，覆盖好地膜。定植时按45～50cm的株距在膜上打孔，每畦种2行，每隔3行母本种1行父本，以利于以后授粉。每亩定植约2000株。

2. 摘除雄花及授粉

（1）人工去雄，自然授粉　如果制种田有可靠的隔离距离，可采用人工去雄、自然授粉的方法，有条件的地方还可采用蜜蜂授粉。西葫芦的花从长出3～4cm到开放，需要15天左右。在这段时间里，将母本上的雄花全部摘除，以后隔4～5天检查一次，去掉新长出的母本上的雄花。母本雄花一定要彻底去除，切勿遗漏。这样就可保证母本上收获的种瓜都是经过杂交。作为父本的自交系仍保持有雄花和雌花，通过本系统内株间授粉而结瓜，所以在获得杂交种子的同时，还可获得父本的自交系种子。至于母本自交系种子，需要另设隔离区繁殖。

（2）人工束花隔离授粉

① 机械隔离　如无空间隔离和网室隔离的条件，可采用人工束花隔离辅助授粉的方法繁制一代杂种。方法是在开花前1天下午将次日开放的父本雄花和母本雌花用细绳或细铅丝扎好，也可用旧报纸做成纸筒套夹在花蕾上，用夹子或曲别针夹好，并在旁边插上一个细竹竿做好标记。

② 父本雄花采集　在授粉前1天傍晚，将第2天要开放的雄花摘下（花柄尽可能留得长一些），用橡皮筋或麻绳捆上，整齐地装在塑料袋中带回家，在室内脸盆盛水或盛沙子，把这些雄花梗插在水中或沙子中，注意花瓣向上，不能沾水，上面用纱布盖上，防止昆虫污染花粉。

③ 人工授粉　西葫芦母本开花特别早，若温度合适早上4时就开放。如果雄花的花药开始开裂时，尽可能在每天早上天刚亮时进行授粉作业。当天需要的用具有雄花、橡皮筋、报纸袋、夹子（或曲别针）、杂交标记（带色塑料条），把这些用具放到一个筐里。将父本带到田里授粉时应用塑料袋将花罩上，以防外来花粉污染。授粉具体步骤如下。

a. 摘下雌花的纸袋放到筐里，打开雌花花冠，然后用手除去雄花的花冠，只剩下雄蕊。用左手握住雌花的花瓣，用右手把雄蕊上的花粉均匀涂抹到每个柱头上。前期雄花少，1朵雄花可授3～4朵雌花；中期雄花充裕，最好1朵雄花授粉1～2朵雌花。

b. 授粉后母本雌花应继续隔离，以防止昆虫传粉。用左手握住花瓣，轻轻地套上纸袋，把下开口折起来，用夹子固定，防止脱落。把杂交标记绳绑在授粉雌花节的上部蔓上。切忌不要绑在果梗上以免造成落果。

c. 授粉作业最佳时间在上午4～8时，在授粉过程中如发现未套袋的雌花已经开放，一定要及时摘掉，以防止发生生物学混杂，影响纯度。

④ 授粉后的管理　授粉期一般持续1周左右。种瓜一般每株留2～3个，具体看母本长势而定。当2～3个种瓜坐住后，可在第30节处摘心。

坐果后20天左右仔细检查一遍制种田，确认杂交标记，如果有未标记而膨大的果实，随时去掉，确保纯度。

3. 种瓜的采收和脱粒

种瓜收获后熟后，剖瓜取籽，方法同定型品种种子生产。一般每亩可产杂交种子40kg左右。

第三节　西瓜种子生产技术

西瓜（*Citrullus lanatus*），葫芦科西瓜属1年生蔓性草本植物，原产于非洲，我国各地普遍栽培。由于其果实味甜多汁，清凉爽口，是夏季消暑佳品，除作水果食用外，还具有一定的药用价值。过去我国北方多作露地栽培，产品供应期仅限于夏季。近年来，随着设施蔬菜栽培技术的不断完善和人民生活水平的提高，利用保护地设施进行西瓜反季节栽培取得了较高的经济效益。

一、开花授粉习性

1. 开花习性

(1) 花的性别表现　西瓜的花着生于叶腋间，为单性花，雌雄同株异花。一般先分化出雄花，后生出雌花。从第6～13节开始，每节着生1朵或若干朵雄花；早熟品种第6～7节着生第1朵雌花，晚熟品种则在第10节以后才发生雌花。以后每隔7～9节（主蔓及侧蔓均如此）着生1朵雌花，雌花与雄花的比例约为1∶(10～20)。

(2) 花器构造　西瓜花萼5枚，花冠5裂，基部成筒状，鲜黄色。雄花花冠大而色深，雌花花冠小而色淡。雄花花药3枚，近分生，有药室，背裂，花粉滞重（图4-4）。雌花子房下位，子房大小和形状因品种而异。雌蕊位于花冠基部，柱头短，成熟时3裂（图4-5）。有些品种和部分植株的雌花，其雄蕊发育完全，花粉具有活力，为雌型两性花。

2. 授粉习性

西瓜雌蕊的柱头和雄蕊的花药均具蜜腺，靠昆虫传粉，是典型的异花授粉植物，品种间极易发生天然杂交。雌花在开花前子房已相当发达，上午5时前后开放，开花3～5min后出现花粉，授粉效果以上午6～8时最好，授粉后3h花粉管伸入花柱，23h完成受精过程，以后子房迅速膨大形成果实。

图 4-4　西瓜的雄花

图 4-5　西瓜的雌花

3. 结实习性

西瓜雌花子房大小与植株营养条件有关。一般初期形成的雌花子房较小，而主蔓或侧蔓上第 2～3 朵雌花的子房较大。子房大而充实时则坐果率也相对提高。西瓜坐果后 20 天左右，其种子已具备一定的发芽能力，果实从开花到种子成熟的时间因品种熟性而异。通常早熟品种需 28～30 天，晚熟品种需 40 天左右，即种子成熟期略迟于果实成熟期。西瓜果实由果皮、瓤肉（胎座）、种子三部分组成。果形一般为圆形或椭圆形。果皮有深绿、浅绿、黑、白等颜色，上有条带或斑纹。瓜瓤成熟后有红、黄、白等色。种子呈扁平的卵圆形或椭圆形，有白色、浅黄色、褐色、黑色及红色。单瓜结种子数不等，一般为 400～500 粒，有的品种可多达 1000 粒。不同品种千粒重相差较大，小籽品种千粒重 20g 左右，中籽品种 50g 左右，大粒品种 80～100g。

二、一代杂种制种技术

1. 制种田的管理

（1）土壤选择　西瓜制种，宜选地势较高，排灌方便，土质疏松肥沃，土壤 pH 为 5.5～6.5 的沙质壤土为佳，前茬或前 2 年种过瓜类作物的地块及易被水淹的地块不宜安排西瓜制种。前茬施用除草剂每亩超过 200g 的地块应提防残留药害。不同的组合或与生产品种之间必须保持 1000m 的安全距离。

（2）整地施肥　每亩施腐熟农家肥 3000～5000kg，然后翻耕起垄。如在塑料拱棚内制种，多采用直立吊蔓栽培。为获得较高产量，每亩定植 4000 株。则可安排宽窄行起垄，宽行 0.7m，窄行 0.5m，株距 20～25cm，大棚中间纵向安排水道，西瓜垄向与大棚走向垂直。宽窄行定植方式有利于人工操作及通风透光。如在露地制种，可采用爬地栽培，每亩定植 2000～2200 株，垄宽 1.1m，株距 0.3m。在施足农家肥的基础上，播种或定植时再施入磷酸二铵和硫酸钾等化肥，以促进生长。

2. 播种育苗

杂交父母本种子应分别存放，分别处理，严防混杂。父母本的播种比例为1：(4～5)，父本比母本要早播7～10天。具体播期可按保护措施种类及晚霜日期决定。露地制种可于4月上中旬于塑料棚内播种，播种后出苗前棚温保持25～30℃，有利于苗全苗壮。

西瓜父母本应分别单独移植，父本苗放在高温区（30℃），母本苗放在中温区(25℃)。种株苗期的温度管理十分重要，尤其是2～3片子叶期间处于花芽分化期，外界温度忽高忽低，极易诱发后期两性花的出现，所以幼苗出土后，夜间温度可维持在11～17℃，白天20～28℃，最高不超过28℃。育苗后期定植前要及时放风进行炼苗。育苗期间控制水分，做到不萎蔫不给水，育苗后期少给水，禁止漫灌。日历苗龄20天左右，幼苗3～4片叶即可定植；苗龄太长，则主根易穿透营养钵，定植时易损伤主根生长点，使主根易木栓化，而影响定植成活率。

3. 定植及田间管理

在栽培畦上按行距开沟定植，按株距摆苗。株间撒施化肥，每亩施磷酸二铵15～20kg、硫酸钾10～15kg，浇定植水后合垄。栽苗后盖地膜，为防除杂草可用黑色地膜。

4. 西瓜杂交授粉

(1) 授粉前的准备工作　北方地区，西瓜露地杂交制种，6月中旬为授粉适期。授粉前应注意做好以下准备工作。

① 父本田去杂　逐株严格、彻底检查父本田，发现杂株及时拔除。父本植株因只用于供应花粉，故不必整枝，任其自然生长。及时摘除雌花及自交果，以免影响雄花生长。

② 母本田清理　制种母本田要逐株检查清理，去除杂株劣株。检查时将蔓提起，仔细清除蔓上一切侧枝及大小雄花和自交果，尤其是瓜蔓顶端及土埋部分务必认真检查，清场时所打掉的侧枝及花蕾等要随时携带田外，防止腐烂传播病害。在露地制种时，相邻地块清场必须协调，同时进行，以免相互产生污染。此次清理若比较彻底，以后授粉期间雄花的出现将少得多。农户清场后经技术员检查合格，方能允许开始授粉。如在冷棚内制种，风口处需用纱网罩好。准备隔离帽、标记绳，雇用授粉工人，每人每天负责600～800株母本的授粉工作。

③ 母本雌花隔离及两性花处理　西瓜杂交制种以第2～3个瓜为佳，第1个瓜应去掉。在清场时可将第1个瓜掐去一半作为标记。开始授粉的前1天，选择第2天即将开放的、发育正常、子房肥大、色泽鲜艳发亮的雌花套纸帽，进行隔离。纸帽大小合适。为方便第2天查找，可在套纸帽时在地面插上小棍。如制种田母本出现两性花，为确保制种纯度，应将两性花去掉或在蕾期去雄。一般在两性花出现概

率占全田30%～40%时，以将两性花去掉为宜。如两性花的出现概率高达60%～70%，就必须进行蕾期去雄，也就是在套帽时逐个将雌花蕾打开鉴别。如是两性花，可用镊子将雌花柱头侧面长出的雄花药去掉。操作时切不可碰伤雌花柱头，否则影响授粉效果（易产生畸形瓜）。授粉1～2天后，技术逐渐熟练时，可以从雌花蕾外观上鉴别出两性花，而不用在蕾期打开花蕾鉴别，雌花蕾稍扁、偏大、型不正者多为两性花。两性花蕾期去雄必须认真严格掌握，否则极易产生自交而直接影响种子纯度。

（2）父本雄花蕾的采集　在授粉当天的清晨（5点左右），选择尚未开放的、颜色鲜黄，当天即可开放的大花蕾用于授粉。此时雄花粉尚未成熟，经1～2h后熟，即可用于授粉。而上午7～8点以后开的雄花已被昆虫污染，绝不可用于授粉，否则难以保证纯度。前一天傍晚采下的雄花，也可以用于授粉，但效果不好，多不采用。

（3）杂交授粉　雌花在6月中旬，一般是早上7～8时开放，开放时间的早晚取决于当天气温的高低。雌花开放即可进行授粉。先将隔离帽摘下，将雌花花冠扒开，露出柱头，同时将父本雄花花冠去掉，将花粉轻轻均匀涂到雌花柱头上，动作要轻，不可碰伤柱头。授粉结束后将纸帽重新套上，而且要套牢，防止脱落造成污染。

授粉时如发现是两性花，而未去掉，并且颜色发黄，有花粉生成，则此花必须去掉。如发现已开放的雌花未套帽隔离，或纸帽已脱落，则此花已被昆虫污染，应去掉。每天上午8～10点这段时间授粉效果最好。西瓜雌花柱头充满黏液时，是授粉最佳时段。而上午10～11点以后，温度超过30℃，湿度下降，雌花柱头出现油浸状物质，此时授粉效果不好。雌花柱头若受外界伤害，上午8～10点也出现油浸状，会直接影响授粉效果。

图4-6　授粉后做标记

（4）标记　授粉完成后，套上纸帽的同时，在瓜柄着生处的节位上，绑上有颜色的细绳，作为标记，如图4-6所示。绑标记的位置在瓜前后均可，但全田必须统一。标记必须绑在瓜蔓上，不可绑在叶柄上，否则后期瓜叶脱落，则无标记可查。同时每天换一种颜色的线绳，以便后期成熟时统一采瓜。要求一瓜一线，不可二瓜一线。

（5）授粉期间田检要点

① 每天清晨3:30～4:00检查制种田，将田间可能遗落的雄花蕾彻底检查并清除，同时发现有即将开放的雌花套帽隔离。

② 授粉开始后，制种田不允许有未经套帽隔离而自然开放的雌花，如发现必

须将其去掉，否则极易形成自交果。

③ 在田检过程中，如发现已授粉雌花但未套帽隔离或纸帽已脱落，而花尚新鲜，此朵花也应去掉。因其脱落帽期间可能被昆虫污染而造成生物学混杂。即使在父本花不够的情况下，也绝对不可用已开放的雄花用于授粉。

(6) 授粉后的管理

① 水肥管理　授粉瓜长到鸡蛋大小时，每亩追施硫酸钾复合肥 15～25kg，环施于距主根 15cm 处，防止烧根。此时，瓜体生长旺盛，须多浇水，尤其在雨水偏少时，应每周浇 1 次水，浇水应注意天气预报，浇水后应有 1～2 个晴天为宜。果实成熟前 8～10 天停止浇水，防止裂瓜。

② 整枝留瓜　用小树枝或土块在第 1 个瓜前第 3 节处将蔓压住。当确认每株已坐住 1 个瓜，可在瓜前留 5～6 片叶摘心，同时清除蔓上多余的雄花、雌花，防止形成新的自交果。瓜前可酌情留一个小侧枝。

③ 制种田清理　露地制种时，应要求各制种户统一结束授粉，防止结束后个别雄花开放，污染邻地。制种田再次清场，清除一切无标记或标记不清的瓜，以及瓜型、瓜色不同的杂株，杜绝一切纯度隐患。彻底清除父本，不准作为商品瓜出售，以防种子机械混杂。

5. 收获种子

西瓜从授粉到成熟一般是 40～45 天，当欲采收时，可试采几个确认是否完全成熟。根据授粉标记分期采种。将采下的种瓜放在阴凉干燥通风之处后熟 5 天左右，即可开瓜取籽。将瓜瓤放入非铁制容器中发酵 24h，即可用清水洗。发酵时防雨水进入，防止暴晒。清洗时要注意漂去秕籽及一切杂质。当天清洗的种子尽量当天晾干，用纱布晾晒，应放在阴凉通风处，勤翻动，不宜暴晒。干后的种子不宜再经水浸，否则变色。当种子含水量下降到 8%时即可装袋，置于干燥通风处。未成熟的种瓜必须经 7～10 天后熟才能洗籽。病果烂果所产的种子必须单独采收。

资料卡

无籽西瓜

普通西瓜为 2 倍体植物，即体内有 2 组染色体（$2N=22$），用秋水仙素（一种植物碱）处理其幼苗，令 2 倍体西瓜植株细胞染色体成为 4 倍体（$4N=44$）。然后用 4 倍体西瓜植株作母本（开花时去雄）、2 倍体西瓜植株作父本（取其花粉授 4 倍体雌蕊上）进行杂交，这样在 4 倍体西瓜的植株上就能结出 3 倍体西瓜的种子。

3倍体的种子发育成的3倍体西瓜植株，而3倍体西瓜的雌配子和雄配子都是高度不育的，自交授粉或品种间授粉，花粉不能萌发，不能产生激素供子房生长发育，因而不能结实。所以生产中必须用2倍体有籽西瓜的可育花粉（雄配子）给3倍体雌花授粉，可育花粉在3倍体雌花的柱头上萌发及花粉管在花柱和子房中生长的过程中产生激素，刺激3倍体的子房生长发育形成果实。但由于3倍体西瓜的雌配子是不育的，不能正常受精形成合子，因而不能形成种子。

小　结

瓜类蔬菜多为雌雄同株异花植物，花大色艳，虫媒花，以当天开放的雌花和雄花授粉效果最佳。定型品种采种时要注意采种田的隔离距离，严防生物学混杂。瓜类蔬菜生产上多利用 F_1 代杂种，露地制种，南瓜、西瓜多采用人工隔离（去雄）的方法进行杂交制种，黄瓜还可采用雌性系或化学去雄的方法进行杂交制种。瓜类蔬菜利用网室制种，则需要人工或昆虫辅助授粉。种果采收后经适当后熟，即可脱粒。黄瓜、西瓜的种子脱粒时将含有种子的种果发酵后洗净，南瓜可水洗脱粒，也可直接采种。

思考题

1. 黄瓜的花芽分化有什么特点？
2. 简述黄瓜开花授粉的过程。
3. 简述黄瓜自交授粉的具体步骤。
4. 黄瓜定型品种种子生产技术要点。
5. 简述黄瓜人工杂交制种的技术要点。
6. 黄瓜雌性系如何选育和保存？简述利用雌性系进行杂交制种的技术要点。
7. 简述黄瓜化学去雄自然授粉杂交制种技术要点。
8. 南瓜的最佳授粉时间是什么时间？为什么南瓜种子生产中要进行种间隔离？
9. 为什么在隔离条件下南瓜定型品种的种子生产还需要人工授粉？
10. 西葫芦人工杂交制种可采用哪两种方法？简述其技术要点。
11. 西瓜杂交授粉时，如母本出现两性花，如何处理？
12. 简述黄瓜、南瓜和西瓜种果的脱粒方法。

第五章
茄果类蔬菜种子生产技术

目的要求 了解茄果类蔬菜的开花授粉习性，熟悉番茄、茄子、辣椒定型品种的种子生产技术，掌握番茄、茄子和辣椒的人工杂交制种技术及辣椒利用雄性不育系杂交制种技术。

知识要点 番茄、茄子和辣椒的开花授粉习性；番茄、茄子、辣椒定型品种采种技术；番茄、茄子、辣椒杂交制种技术。

技能要点 茄果类蔬菜的人工去雄；花粉采集；人工授粉；辣椒不育株的识别；番茄、茄子和辣椒种果脱粒。

第一节 番茄种子生产技术

番茄（*Lycopersicon esculentum* Mill）又称西红柿，为茄科番茄属1年生草本植物。起源于南美洲的秘鲁、厄瓜多尔、玻利维亚等地。17世纪传入我国，20世纪50年代番茄栽培于全国各地得到迅速发展。由于番茄适应性强、产量高、营养丰富且用途广泛，可鲜食、熟食、制酱、制罐，现已成为我国设施栽培和露地栽培的主要蔬菜之一。

一、开花授粉习性

1. 开花习性

（1）花器构造　番茄花器构造如图5-1所示。番茄因品种不同有两种不同花序，普通番茄多为聚伞花序，小型番茄多为总状花序。每花序的花数一般5～10朵，小果形品种和早熟品种花偏多。番茄是两性花，最外层为绿色分离的花萼，内层为黄色花冠，花冠基部成喇叭形，雌蕊1枚，雄蕊5枚或5枚以上，花药长形，联合成筒状，称为“药筒”，紧密包围在雌蕊之外。花药成熟时向内开裂散出花粉，落于自花雌蕊柱头，因此易于保证自花授粉。但也有花朵的花柱较长，露出药筒之外，称为长柱花，天然杂交率较高。

（2）开花过程　番茄开花过程如图5-2所示。番茄的花芽分化较早，通常播后25～30天，幼苗具2片真叶时进行第1花序分化；播后34～38天第2花序分化；播后43～47天，第3花序分化。为创造花芽分化的良好条件，约在播种后25～30

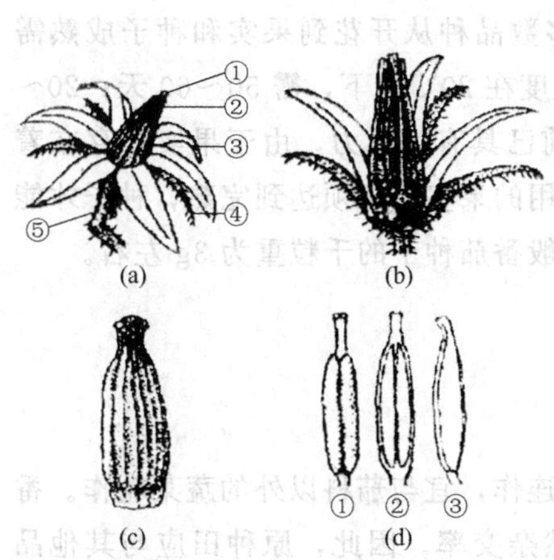

图 5-1　番茄花器官构造

（a）花器全图：①雌蕊，②雄蕊，③花瓣，④萼片，⑤花柄；（b）花器剖面图；（c）雄蕊药筒；（d）雄蕊：①腹面，②背面，③侧面

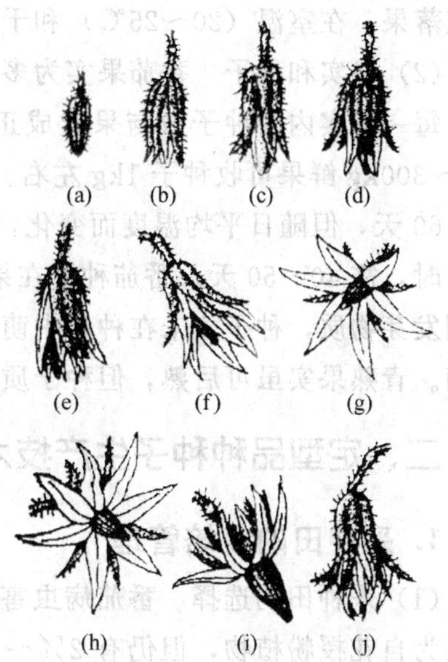

图 5-2　番茄开花过程示意图

（a）花蕾；（b）露冠；（c）花瓣伸长；（d）花瓣微开；（e）花瓣渐开（30°）；（f）花瓣再开（60°）；（g）花瓣更开（90°）；（h）花瓣展开（180°）；（i）花瓣反卷（盛开）；（j）花瓣萎缩（花闭）

天，2 片真叶时进行一次移植。番茄的开花顺序是基部的花先开，顺次向上，相邻两花序的间隔时间约为 7 天左右。通常第 1 花序的花尚未开完，第 2 花序的基部已开始开放。番茄多在上午开花，下午继续开，延至第 2 天逐渐闭合。一朵花从现蕾到完全开放，需经若干阶段：花芽分化后用肉眼能够看到花蕾被萼片包被的时期，称为花蕾；花蕾由短逐渐变长、变大，当萼片逐渐在花顶端展开，使花冠逐渐外露，称为露冠；当花冠伸长到一定的时期，随着萼片的进一步展开，花瓣展开达 90°，称为开放；花冠展开达到 180°时称为盛开，此时花冠呈鲜黄色。

2. 授粉结实习性

（1）授粉过程　在自然情况下，当花瓣充分展开成 180°达盛开时，此时雌蕊成熟，花粉由花药中散出，雌蕊的柱头也迅速伸长，接触花粉，完成受精过程而结实。在开花前 1 天，雌蕊柱头具有接受花粉的能力，因此番茄可采用蕾期授粉，但结实率低，种子也少。以开花的当日，柱头分泌大量黏液，雌蕊达到完全成熟时，接受花粉和受精结实率最高。因此在人工杂交授粉时，去雄和授粉可同时进行。开花的第 2 天，柱头仍有接受花粉的能力，但结实率降低。

番茄开花和授粉受精的适宜温度范围为白天 20～30℃，夜间 14～22℃。如日温高于 35℃，夜间低于 14℃或高于 22℃，则花粉不易发芽，授粉受精困难，导致落花落果。在室温（20～25℃）和干燥的条件下，花粉的生活力可保持 4～5 天。

（2）果实和种子　番茄果实为多汁浆果。果实形状、大小、颜色因品种不同而异。每一果实内的种子数与果重成正比例。大果内种子多，小果内种子少。一般 200～300kg 鲜果可收种子 1kg 左右。番茄大多数品种从开花到果实和种子成熟需 40～60 天，但随日平均温度而变化，日平均温度在 20℃以下，需 50～60 天；20～25℃时，需 40～50 天。番茄种子在果实完熟前已具有生活力，由于果实内存在着抑制发芽物质，种子才未在种果中萌发。采种用的果实，必须达到完熟，种子才能饱满。青熟果实虽可后熟，但种子质量差。一般番茄种子的千粒重为 3g 左右。

二、定型品种种子生产技术

1. 采种田的栽培管理

（1）采种田的选择　番茄病虫害较多，忌连作，宜与茄科以外的蔬菜轮作。番茄虽为自花授粉植物，但仍有 2%～4%的天然杂交率。因此，原种田应与其他品种隔离 300～500m，生产用种田应隔离 50～100m。

（2）播种育苗　番茄采种多为春季露地栽培，生产上多采用阳畦、温室等设施进行育苗。为了提高种子产量，在其他栽培措施相同的情况下，要适当推迟播种期、定植期，一般比商品番茄栽种的时间推延 5～7 天。北方地区可在 3 月上中旬播种，5 月中下旬定植。

（3）田间管理　水肥管理同商品番茄生产，为促进果实和种子发育，在果实生长期，需 1.5%过磷酸钙或用 0.3%磷酸二氢钾溶液进行叶面追肥。有限生长型的品种多用双干整枝，即在主干第 1 花序下留一侧枝与主茎同时生长，其余侧枝去除。无限生长型品种多用单干整枝，有时采种田为提高采种量也可留双干。一般选取 2～4 穗果留种，达到预留果穗后，于花序上部留 2 片叶摘心。

2. 去杂去劣

在番茄整个生长期都应注意考察品种的典型性状。苗期可根据叶形、叶色、始花节位进行选苗；生长期间，在田间选择生长健壮、无病虫害、花序着生部位适中，植株高矮一致，主要性状符合本品种特征、特性的典型植株；果实成熟期检查果实大小、果形、果色、植株生长类型等是否符合原品种的特征特性，选择坐果率高、果实大小整齐一致、果形和果色符合其品种特征的健壮植株作种株，并拔除病杂、劣株。

3. 种子脱粒

将充分红熟（果实全部着色，但果肉未变软，种子已充分成熟）的种果采收后，用不锈钢刀横剖果实，将种子及果汁挤入非金属容器里，如瓷盘、木桶或塑料桶，置于 25～30℃的条件下，发酵 24～48h。发酵期间，不能往汁液中加水，也不要在阳光下曝晒，要搅动2～3次，使其发酵均匀，否则会使种子发芽或变黑，降低发芽率及种子商品外观。当果浆表面生有白色霉状物，振荡容器时种子迅速下沉，或用手搅动，果胶和种子分离时，应及时用清水冲洗。如果浆表面出现红色、绿色或黑色菌落时则说明发酵过度，也会造成种子发黑或发芽率下降。也可将果浆浸没在1%的稀盐酸溶液（pH为0.5～1.0）中15min，不断搅动，种子与果胶物质脱离后用清水漂洗。可在发酵好的种液中加入与种液等量的清水，然后充分搅拌，当停止搅拌时，种子很快下沉，将上层浮液倒掉，再在种盆内加入清水漂洗2～3遍即可。若种子表面的胶状物不易脱落，可用手将其搓掉再漂洗。

漂洗干净的种子，放进纱袋内脱水后，薄摊在筛子或竹席上，置于通风干燥处晾晒，晒至半干时用手搓即各自分离，同时翻动数次，晾晒2～3天，种皮呈银灰色即可。如遇阴雨连绵天气，可用鼓风干燥箱烘干，温度应控制在40℃以下。

三、一代杂种种子生产技术

番茄一代杂种优势明显，一般可比亲本增产20%～40%，抗逆性强，且采用人工去雄授粉法进行杂交制种技术较为简单，种子繁殖系数高。因此，在国内外已被广泛利用。

1. 亲本的定植管理

在黄河以北少雨地区多采用露地制种；而在南方早春梅雨季节，对番茄受精、坐果不利，一般采用保护地杂交制种。番茄父母本的定植时期比商品生产番茄定植时期晚10天左右。露地制种可于3月初播种，利用温床育苗，日历苗龄55～60天。父母本育苗数比例以1∶(4～5)较适宜，母本每亩需定植3500株左右。为了使父母花期相遇，促进父本提早开花，一般情况下，父本可比母本早播7～10天，若用黄化苗材料作亲本，则播种期更要提早，因黄化类型番茄前期生长速度慢，对温度要求高，应提早15天左右播种。

母本种植田应与番茄生产田或其他品种的制种田隔离50m以上。定植前施足基肥，一般每亩施优质农家肥4000～5000kg，配合磷酸二铵25～30kg，加过磷酸钙50kg（或石灰50kg）。做成垄宽50cm的垄，番茄苗按大小行定植，大行行距60cm，小行行距40cm，株距40cm，将来大行可作杂交授粉作业道（图5-3）。在垄帮上刨埯定植，灌足定植水，为方便后期灌水，注意保留垄沟。父本植株可定植在离家较近、方便管理和采集花粉的地块。母本定植缓苗后及时搭建“人”字架，

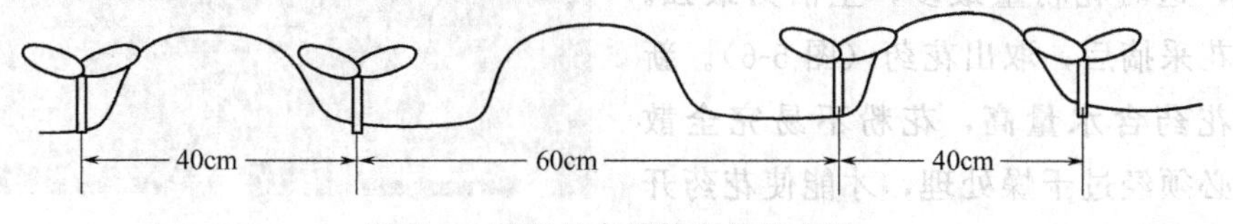

图5-3 番茄母本植株定植示意图

图 5-4　番茄母本田

父本可不搭架或搭四脚架；母本采用双干整枝，一干绑在纵架杆上，一干绑在横架杆上，父本可不整枝，如图 5-4 和图 5-5 所示。

2. 杂交制种

根据当地气候条件，应把番茄人工杂交放在最适于开花、授粉、受精和结果的季节。母本植株主茎上第 1 花序开放时，由于植株较小、叶量不足，且气温偏低，常产生一些畸形果，不宜进行杂交，一般从第 2 花序进行杂交。北方地区杂交制种以 5 月中旬～6 月中旬为宜。杂交制种的具体方法如下。

图 5-5　番茄父本田

(1) 花粉制取　采集花粉应挑选父本全部盛开的正常花朵（虽开过但花药尚呈鲜黄色的也可），以当天开的花为最好，花粉已成熟，而且未散粉丢失。1 朵雄花产生的花粉，可供 4～5 朵雌花授粉用，应在露水干后采集花粉，以防沾水。一般在上午 10 时以后或阴天中午采集，这时花粉量最多，生活力最强。父本花采摘后，取出花药（图 5-6）。新鲜的花药含水量高，花粉不易完全散出。必须经过干燥处理，才能使花药开裂，花粉散出。花药干燥有以下几种

图 5-6　采集的花药

方法。

① 自然干燥　将所有的花药散放在蜡光纸上，然后铺在筛子中。由于筛子上下透气，利于干燥，在自然条件下用日光晒干，大约需要 4h 左右。这种方法简单易行，不需特殊工具。但是，这种方法只适用于日照较好的无风天气。

② 生石灰干燥　用一个有严密盖子的桶（钵、瓮），下部放上 2/3 的生石灰，生石灰上铺一层纸，再将花药放在纸上摊平，上面密闭。可于傍晚放入，第二天早晨花药便可干燥好。每 10 天左右换一次生石灰。

③ 灯泡干燥法　把花药铺在一层蜡光纸上，再把纸放在筛子中，在花药的上方 30cm 处挂一只灯泡（100～200W），这样利用灯泡散发的热量将花药烘干。

④ 烘箱干燥法　利用烘箱干燥。将烘箱温度调至 32℃，傍晚放入，第二天早晨即可得到干燥合适的花药。

花药干燥后，将花药置于光滑的纸上，用擀面杖擀碎或用药碾压碎，使之散粉，然后用 120～150 目的花粉筛筛取花粉。筛好的花粉装入小瓶中置于干燥器中保存，常温下可保存 2～3 天，4～5℃低温下可保存 30 天。

授粉前可将花粉装入玻璃管授粉器中（图 5-7），授粉器用空心玻璃管制作，一端顶部开口，另一端侧面开 1 个小孔。玻璃管长 6cm 左右，外径 5mm，小孔直径 1.5mm，小孔距管底 3mm。可自行制作或到种子公司购买。制作方法如下：①选取外径为 0.5cm 的中空玻璃管，用酒精喷灯的高温迅速将玻璃管顶端的管口烧合；②同时在另一端向管内吹气，使在离烧合管顶端大约 2～3mm 处，吹成一个开口；③继续加热，这样开口逐渐变小，而且光滑。根据不同作物和品种柱头大小调整开口大小，当开口大小比母本柱头稍大时，便可离开火源，冷却；④在玻璃管 6cm 处切割掰下。

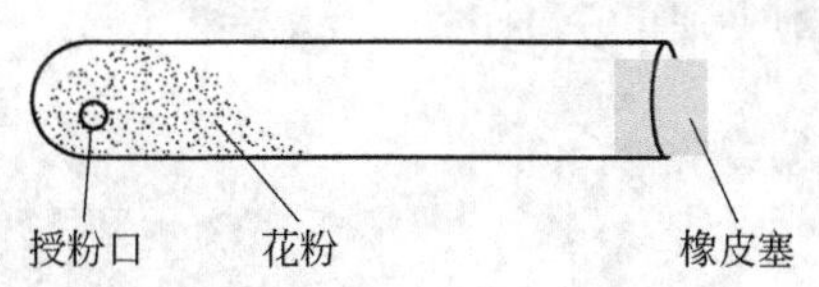

图 5-7　玻璃管授粉器

装管时先将花粉管的侧面小孔用手指堵住，由另一端开口处装进花粉，装完后，再用橡皮塞将管口堵严。

（2）去雄　去雄之前必须摘除植株上正在开放和已开过的花朵以及畸形花和小花。适宜的去雄时间为开花前 2 天。从外表看萼片开裂，花瓣闭合，花冠呈白色，尚未变黄，打开花冠，雄蕊呈黄绿色。掌握好去雄时间十分重要，因为番茄是自花授粉植物，如果去雄过晚，花粉容易落在自花的柱头上而受精，以后即使再进行人工授粉也是徒劳，这也是番茄出现假杂种的原因之一。去雄过早花蕾太小，不仅不便于操作，而且降低坐果率和种子量。去雄时，用左手的拇指和食指轻轻将花蕾基部捏住，右手用不锈钢尖头镊子拨开花瓣，露出花药筒，把花药剥离，防止碰伤雌蕊。并注意去雄要彻底（图 5-8），也可以徒手将花药和花瓣同时剥离。

（3）人工授粉　在去雄 2 天后，对去雄的花朵正在盛开时授粉。授粉应在田间

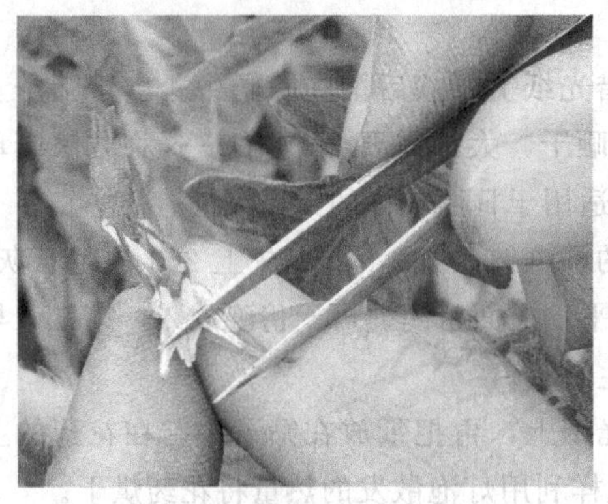

图 5-8 番茄去雄示意图

无露水时进行，每天上午的 8～11 时最佳。上午阴雨未完成授粉工作，则可在下午 3～5 时补授。授粉时捏住花冠将柱头套进玻璃管授粉器的授粉孔中，使柱头沾满花粉（图 5-9）。如无授粉器，可用铅笔的橡皮头蘸取少量花粉，轻轻地、均匀地涂在已去雄的母本柱头上。授完粉后摘除 2 片萼片作标记（图 5-10），萼片一定要从基部揪断，否则不易与自然干枯的萼片区分。重复授粉 2～3次可提高坐果率，增加种子数，特别在阴雨天气尤为必要。授粉最适温度为 20～25℃，当气温低于 15℃或超过 30℃时应暂停授粉。

图 5-9 番茄人工授粉

图 5-10 授粉的标记

（4）授粉后的植株调整　杂交工作结束后，应立即进行植株调整。通常第 1 花序摘除不做杂交授粉。无限生长型的番茄可采用双干整枝，即保留主枝和第 1 花序下的一条健壮侧枝，每干去雄授粉 2～3 穗果，共留 5～6 穗果。有限生长型番茄可采用三干整枝，即保留第 1 花序上下相邻的两侧枝，三干可共留 6～7 穗果。大果型品种每穗留果 2～3 个，小果型可留 5～10 个。并将未去雄授粉的花朵和腋芽全部摘除，在最后一个杂交花序以上留 2 片叶摘心，以保证养分集中供应杂交果的发育。此项工作应反复进行多次。

（5）种果的采收和脱粒　同定型品种的采种技术。

（6）提高杂交种纯度的几项措施

① 杂交制种田里，严禁使用番茄灵等生长调节剂，否则得不到种子。

② 为保证种子纯度，一定要保证制种田不同品种间或制种田与生产田的隔离距离。

③ 掌握好去雄时期，防止去雄过晚而产生自交果。

④ 杂交授粉前必须摘净制种田母本植株上所有未经人工授粉的花朵和果实，杂交工作全部结束后，还须多次检查植株上是否还有新的花蕾出现，以防产生假杂种。

⑤ 采收种果时，检查每一个果实是否缺少 2 片萼片，凡与此标记不符的果实必须摘下带出田外深埋，凡落地的果实一律作抛弃处理，如图 5-11 所示。

图 5-11 番茄杂交果的辨别

⑥ 在采收果实、剖种、发酵、清洗、晾晒、装袋等环节中，要严防机械混杂。在采收多个品种时，更应小心，每个环节都要标好标签、注明种类、杂交组合名称、采种时间和地点。

第二节 茄子种子生产技术

茄子（*Solanum melongena* L.）别名落苏，为茄科茄属 1 年生蔬菜。原产于印度，在我国已有上千年的栽培历史。茄子以嫩果供食用，营养丰富，食法多样，可以烧食、炒食、油炸食、蒸拌食，也可加工成酱渍茄子、腌渍蒜茄子、干制成茄干等，是我国人民喜食的主要蔬菜之一。由于其产量高，抗性强，供应期长，在全国各地广泛栽培。

一、开花授粉习性

1. 分枝结果习性

茄子为假二杈分枝，分枝结果很有规律。一般早熟品种，在主茎生长 5～7 片叶时，即着生第 1 朵花；中熟或晚熟品种，要长出 8～14 片叶后，才着生第 1 朵花。在花下的叶腋所生的侧枝特别强健，和主茎差不多，因而分杈形成“丫”字形。第 1 朵花结的果实称为“门茄”。主茎或侧枝上着生 2～3 片叶以后，又分杈开花，主茎或侧枝上各结一个果，称为“对茄”。又以同样的方式分杈开花，逐次向上所结的果实称为“四母斗”、“八面风”、“满天星”，如图 5-12 所示。但在

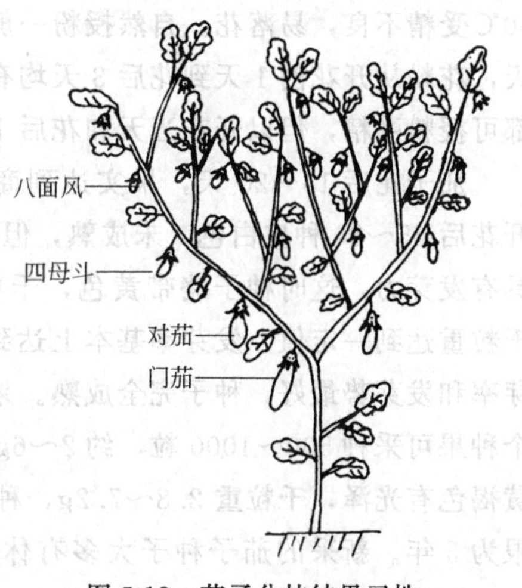

图 5-12 茄子分枝结果习性

实际生产中，由于养分竞争、光照不足等原因，经常发生落花落果现象，所以四母斗以上结的果就不太规律了。

2. 花器结构

茄子花为两性花，一般单生，但也有些品种为2～6朵簇生。花紫色、淡紫色、白色。花较大而下垂，由花萼、花冠、雄蕊、雌蕊四个部分组成。花萼上有锐刺，花瓣数通常与萼片数相同（5～8个），雄蕊5～8枚，围绕雌蕊形成花药筒，花药黄色，2室，为孔裂式开裂。雌蕊被包围在雄蕊的中心，由子房、花柱、柱头组成。根据花柱的长短，茄子花分为长花柱花、中花柱花、短花柱花三种类型。前两者花大色深，花药筒散出的花粉能自然落在柱头上，受精能力强，为健全花；短花柱花因花柱短于雄蕊，花药散出的花粉不易落在本朵花的雌蕊柱头上，受精能力低，为不健全花，如图5-13所示。子房通常由5～8个心室组成，其中含有很多胚珠。

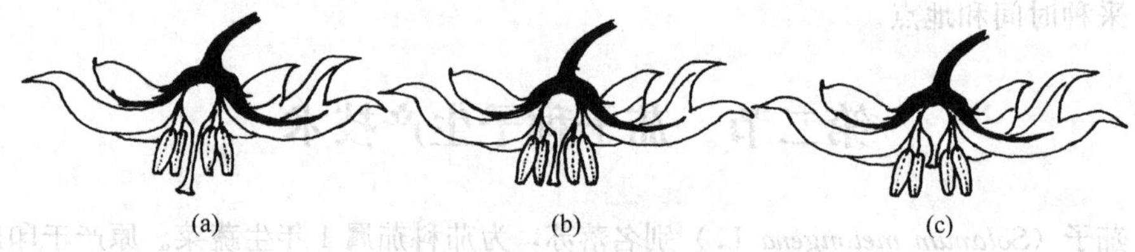

图5-13 茄子的不同花型

（a）长柱花；（b）中柱花；（c）短柱花

3. 开花授粉结实

茄子多在上午开花，开花时雄蕊成熟，花药顶端开裂散出花粉，能够自然地落在本朵花雌蕊柱头上，为自花授粉。茄子开花适温为25～30℃，低于15℃、高于40℃受精不良，易落花。自然授粉一般在晴天上午的7～10时。一朵花开放3～5天，花粉从开花前1天到花后3天均有发芽能力，雌蕊从开花前2天至开花后2天都可授粉受精，但以开花当天和花后1天授粉结实率最高，种子亦多。

茄子花后15～20天，果实达到商品成熟期，可采收上市。但种子发育较迟，开花后25～30种皮白色，未成熟，但已具有种子的形态。开花后40天左右的种子具有发芽力，这时种子略带黄色，千粒重小。开花后50～55天，种皮颜色较好，千粒重达到一定值，发芽率基本上达到要求。开花后60天，千粒重变化不大，发芽率和发芽势最好，种子完全成熟。果实后熟有明显促进种子成熟的效果。通常一个种果可采种500～1000粒，约2～6g，100～200kg种果可采1kg种子。茄子种子黄褐色有光泽，千粒重2.8～7.2g，种子在室温下干燥贮藏，可保持发芽能力的年限为5年。新采的茄子种子大多有休眠期，放置2～3个月可解除休眠，也可用0.01%的赤霉素处理打破休眠。

二、定型品种种子生产技术

1. 采种田的管理

（1）采种田的设置　优良的采种基地应设在最适合茄子生长发育的生态区内，要求光照充足、水源丰富，并且在授粉至果实收获期间要无连绵阴雨。北方地区多用春季露地采种，开花结果期，气温较高，结实率和种子量多。雨季来临之前，种果已老熟，不易烂果，可增加种子产量。茄子最忌重茬，也不宜与其他茄果类作物连作，种子田一定要选生茬地或进行 4 年以上轮作。大多数地区的茄子采种期正值雨季，种株易染病烂果，故种子田要选择地势高燥、排水良好、通风透光、土质肥沃而疏松的地块。茄子为自花授粉作物，但异交率也较高。故原种采种田的隔离距离为 200m，或利用网纱、纸袋套花隔离，但结果后要及时去袋，否则着色不良；生产种繁殖田要与异品种隔离 50m 以上。

（2）种株的田间管理　茄子种株的栽培管理与商品茄生产的栽培管理基本相同。辽宁省可于 1 月下旬在温室播种育苗，5 月上旬定植于露地。为通风透光和方便管理，种植密度要小于商品生产的栽植密度，根据各品种特性每亩栽 1200～2000 株不等。一般早熟品种，行距 66cm，株距 45cm；中、晚熟品种，行距 80～85cm，株距 50cm。采种田要增施磷钾肥，可结合整地施入堆肥 5000kg，并配合施用三元复合肥 25～30kg。种株定植缓苗后，应适当控制浇水，进行蹲苗。种果坐住后，需及时浇水，每层果实膨大期都应追一次速效肥，每次每亩可施用尿素 10kg。种果发育后期，要严格控制水分，这样可减少烂果，保证种子质量。

茄子早熟品种，始花节位低，门茄果实小，一般不作为种茄，在花蕾未开花前，可先摘去。中晚熟品种门茄可留种。每株留种果数应根据品种类型而定，大果型品种（多为圆茄品种）留 3～5 个，中、小果型品种（长茄、卵茄品种）留 6～10 个。种果坐住后，为使其充分发育，养分集中，要摘去多余花蕾，在种果上留 3～5 片叶摘心。茄子采种，植株上种果较多，果实很重，为防止倒伏和种果贴近地面而腐烂，生长中期可以搭架或在畦边拉铁丝、立竹竿以固定植株。另外，在种株生长期间，要注意做好病虫害的防治。

2. 去杂去劣

在种株生长期间，可分 3 次进行田间检查，及时拔除杂株和劣株。开花前期考察植株生长习性和抗病性、叶形、叶色。初花和第一幼果期，考察项目同上，另有萼片上刺的密度和强度、幼果形状和颜色。坐果期果实达到商品成熟时，考察丰产性、熟性、抗病性、果实形状、大小、果皮和果肉的颜色。凡发育不良，花期不一致，结果畸形及病株病果要及时淘汰。

3. 种果的收获和脱粒

留种果应做好标记，以便选留。茄子的种子发育较迟，一般种茄开花后 50～60 天当外皮变为黄褐色时，种子已达成熟。但也有果外皮为黑色的品种，其老熟果外皮仍保持黑色。种果采收后要放在通风、干燥、阴凉处后熟 7～10 天，使果实中的养分充分转入种子里，提高种子发芽率。茄子留种后期正值雨季，易发生绵疫病，造成种果腐烂，影响种子产量。因此，有时需适时提早采收，可加长后熟期，促使种子饱满，提高发芽率。

种果经后熟，果肉变软，脱粒时用棍棒敲打种果，使种子与胎座分离，然后横剖掰块，放入水中顺着胎座缝隙将种子取到水中，用手擦洗掉种子上的黏液，清洗干净，去掉漂浮水面上的秕籽。采种量大时，可用经改造的玉米脱粒机打碎果实，用水漂洗，倒出浮在水面上的果皮、果肉和秕籽，沉在水底的即为饱满种子。漂洗干净的种子放在席子或麻袋片上薄薄摊开晾晒，注意忌放在水泥板地面上，要避免强光直射，经常翻动。种子充分晒干后，包装入库。

三、一代杂种种子生产技术

茄子杂种优势明显，近年来有些单位选育出一些优良的杂交组合，已在生产上推广应用。由于茄子花器较大，果实结籽较多，杂交操作简便，所以生产一代杂种的种子成本并不高。目前，国内外都是采用人工去雄授粉的方法制种。

1. 制种田的管理

(1) 亲本的播期和种植比例　北方地区多在露地进行茄子杂交制种，应根据当地气候条件确定双亲适宜播种期，以保证双亲花期相遇。茄子授粉受精的最适温度为 28～30℃，应将母本花期处于授粉受精最适宜的温度范围内，由此来推断母本的适宜播种期。如父本较母本早熟，应同期播种，如父母本熟期相近，父本应比母本早播 3～5 天，如父本较母本晚熟，则父本应比母本早播 5～15 天。田间父母本种植比例为 1 ：(4～5)。为避免采收种果时发生混杂错乱，父母本最好分区栽植，同时在定植前和开花前应严格检查父母本植株的纯度，拔除杂株、病株。

(2) 种株的田间管理　露地茄子制种最好采取地膜覆盖栽培，促使种株早发根、早发棵、生长发育快，植株健壮，提高种株结果能力，促进种果成熟，使种子饱满度高。为便于制种时的人工操作，最好采用大小行栽植，大行 100cm，小行 66cm。制种田要施足基肥，多施磷钾肥。为使授粉时间集中，一般可去掉种株门茄花蕾及以下所有侧枝，促使对茄、四母斗早期开放，并在四母斗花蕾出现后留 2～3 片叶摘心。授粉结束后搭架防倒伏。

2. 杂交授粉技术

(1) 田间检查　杂交授粉开始前，必须对父母本植株株型、株高、叶型、叶色等进行逐株检查，对不符合亲本性状的植株应全部拔除。

(2) 花粉的采集和制备　授粉前要采集花粉，茄子少量杂交时用镊子从父本当天开放的花朵采下花药，用镊子挑出花粉，立即使用。大量制种可人工筛取花粉或应用电动采粉器采粉。人工筛取花粉的方法是采摘当日盛开或虽开了几日但花药尚是鲜黄色的父本花，取出花药，将花药放入干燥器中干燥，然后用筛网（100～150目）筛取花粉，收集装入小玻璃瓶中保存备用。如用电动采粉器可在父本当天开放的花朵上用采粉器对准花药，利用采粉针的振动力，把药室内的成熟花粉取出，当天取粉当天用或下午取粉供次日使用，必须在凉爽干燥的条件下保存花粉。

(3) 去雄　选开花前1～2日的大花蕾，左手轻拿花柄，右手用镊子将花瓣轻轻拨开，镊尖伸入花药基部，分2～3次轻轻取下花药，注意不要碰伤柱头、子房。在去雄时选择适当大小的花蕾十分重要，这是保证杂交种子纯度的关键之一，还应注意选长柱头花去雄，短柱头花结果率较低。如果1杈有2个以上的花蕾，应选最强健的花蕾去雄，其余的摘除。

(4) 杂交授粉　不同花龄授粉后结果率差异很大。以母本开花当日授粉结果率最高，但开花前后3天雌蕊均有接受花粉的能力，生产上一般是在去雄的同时，左手轻轻拿住母本花朵的基部和柄部，用蜂棒或棉签蘸取花粉，涂在母本花柱头上，然后等花瓣张开（即花朵开放）的当天，再重复授粉一次。可在第1次授粉时摘除1片萼片，待第2次授粉后，再摘除1～2片萼片。授粉结束后，在花柄上系上细绳和标签做种果标记。授粉最好在上午露水干后进行，遇到高温天气，中午应停止授粉，延至下午再进行。如授粉后6～8h内下雨，应在雨后重新授粉，以提高坐果率。每株杂交授粉的花朵数，应根据品种类型及留种习惯而定，一般每株授粉5～7朵。授粉期间要随时检查，把未授粉的花和无标记的果实及时摘除。

(5) 种果的采收和脱粒　种果充分成熟后，要全部检查母本田。认真清除杂株，选择充分成熟的和有留种标记的种果采收。注意采收种果要坚持四不采原则，即无标记果实不采、发育不良果实不采、烂果不采、落地果一律不采。种果的脱粒同定型品种种子生产。

第三节　辣椒种子生产技术

辣椒（*Capsicum annuum* L.），别名海椒、番椒等，茄科辣椒属植物，在温带为1年生草本植物，在热带也可为多年生灌木。原产于中美洲和南美洲，17世纪经丝绸之路和海路传入中国，至今已有300多年栽培历史。辣椒在我国栽培广泛，南方以栽培辛辣类型为主，北方以栽培甜椒类型为主。辣椒营养价值高，特别是维生素的含量高于其他蔬菜。它的辛辣味有增进食欲，帮助消化的作用。辣椒食用方法多种多样，可生食、热食、腌渍或加工成辣椒粉、辣椒酱、辣椒油等，干辣椒则是重要的外贸出口产品之一。

一、开花授粉习性

1. 花器结构

辣椒花为两性花。甜椒花蕾较大而圆，辣椒花蕾较小而长，多数品种花冠白色，少数浅紫色，由5～7片花瓣组成，基部合生。雌蕊1枚，居于花朵中央，雄蕊5～7枚，整齐地排列在雌蕊周围。花药和花丝为浅紫色，柱头与雄蕊的花药靠近，一般品种雄蕊与柱头等长或稍长，也有少数甜椒品种柱头长于雄蕊花药。这类长柱头品种天然异交率较高。辣椒的花瓣一经开放，花药即开裂，花粉囊的外侧纵裂散了花粉，然后再反转到内侧，花粉散出。子房上位，有2～4心室，内生胚珠数十粒至数百粒。

2. 开花习性

辣椒的始花节位，早熟品种一般在主茎第4～9节，中晚熟品种在第10～24节。开花顺序以第1朵花为中心，以同心圆形式逐层开放，通常在第一层开花后3～4天，上一层花即开放，如此由下而上进行。在正常情况下，花蕾的发育，花瓣由绿色变为白绿色渐至为白色，花瓣长至明显大于萼片时，花蕾即开放。花朵多在上午6～10时开放。一般一朵花从开放到凋谢需2～3天，先开花，后裂药，裂药后花粉大量散出。高温条件下，花药往往在花蕾内提前开裂。

3. 授粉习性

辣椒的雄蕊不是番茄、茄子那样的药筒，加之花内有蜜腺，能够吸引昆虫，所以异交率较高，一般5%～10%，有的品种高达30%，故称为常自交作物。

雌蕊开花前2天至开花后2天，花粉于开花前2天至开花当天，均具有授粉受精能力，但以开花当日最强。杂交制种时采用蕾期去雄、开花当日授粉的方法，能提高坐果率和单果结籽数。从授粉开始，到完成受精全过程，需要26h左右。花粉发芽的适宜温度为22～26℃，温度低于18℃或高于30℃花粉不宜萌发，其中甜椒的花粉萌发温度偏低，辣椒的花粉萌发温度稍高。适宜的空气相对湿度为55%～75%，低于40%或高于90%均不利于授粉结果。

辣椒从授粉到果实内种子完全成熟需50～60天。通常是受精后10天，细胞强烈分生，再过10天，新生细胞迅速膨大，这段时间果实生长很快，需要及时供给肥水。

二、定型品种采种技术

1. 采种田的栽培管理

（1）采种田的选择　辣椒是常自交蔬菜，天然异交率较高。进行大面积良种繁育最好一个点繁一个品种，不同品种采种田之间要隔离 500～1000m；小面积的原种繁殖可用塑料网纱棚隔离，也能达到良好的隔离效果，而且棚内病虫害轻，坐果率与种子产量也显著提高。与其他茄科作物不宜连作，应相隔 3～5 年。

(2) 田间管理　采种辣椒的栽培技术与商品辣椒栽培基本相同。露地制种注意早育苗、早定植。定植密度小于商品椒生产，且宜单株栽植，每亩可栽苗 5000 株左右。定植后加强水肥管理，促进植株早发棵，保证植株在高温季节到来之前封垄是取得丰产的关键。水肥管理同商品椒生产。生长过程中及时摘除第一朵花下方主茎上的侧枝，并及时疏去第一朵花或果，以促使种株发棵，并能使上部种椒充分发育，提高种子的产量与质量。辣椒的留种部位，以“对椒”和“四面斗”作种果为好。其采种量大，种子质量好。大果型甜椒每株可留果 4～6 个，而小果型辣椒可留果十几个至几十个。雨季来临前注意培土，清理排水沟，以防涝害。整个生长期注意防治病虫害。

2. 去杂去劣

辣椒为常自交作物，种子易发生混杂退化。因此，繁种过程中应注意严格选择，在开花前及时彻底拔除杂株、劣株。在辣椒生长发育时期分三次考察品种的典型性状。坐果初期，主要选择株型、叶型、叶色、第一果着生节位、幼果颜色、植株开张度等符合原品种标准的植株，淘汰杂株、病株；在果实商品成熟期，主要选择植株生长类型、抗病性、果实大小、果形、果色、果柄着向（直立向上或弯曲）、不同层次果实整齐度、果实心室数、坐果率高低等均符合原品种标准的植株留种；种果红熟期，主要选择熟性、抗病性、果实大小、果色、心室数符合原品种特性的植株及果实留种。

3. 种果的采收和脱粒

当种椒基本红熟时，通常种子也已发育成熟，即可分别采收。果皮较厚、含水量较高的甜椒品种果实收获后，置于通风阴凉处后熟 3～5 天再行脱粒，以提高种子发芽率。脱粒时，可用手掰开果实或用刀自萼片周围割一圆圈，向上提果柄，将种子与胎座一起取出。清除胎座等杂质后，应将种子放置在通风处的凉席或尼龙纱上晾晒，切忌放在水泥地或金属皿中曝晒，否则将严重影响种子的发芽率和色泽，降低种子质量。剖开后的种子，也不必用水洗，因经水洗晾晒后的种子，色泽多呈白灰色，且遇连阴天时种子不易晾干，还容易发霉变质。通常的作法是：连同胎座一起晾晒，待胎座充分干燥时，在晒盘中用木板搓擦，使种子与胎座分开，然后过筛，筛出种子。

三、一代杂种种子生产技术

辣椒的杂交种增产 30%以上，且表现早熟、抗逆性强。生产一代杂种种子的方法主要为人工杂交制种法和雄性不育系制种法。

1. 利用人工杂交生产一代杂种种子

辣椒繁殖系数高，一般杂交一朵花，辣椒品种可以获得 80～200 粒种子，甜椒类型可得 200 粒以上种子。且商品辣椒的种植用种量少，一般每公顷只需要 450～600g 种子，故目前辣椒杂交育种仍以两自交系人工去雄杂交为主。

（1）父母本的种植

① 父母本的栽培方式　辣椒一代杂种制种种株的栽培，可采用塑料拱棚栽培，能够起隔离和防雨的作用，病害轻，种株生长好，制种产量高，但生产成本较高。春季露地制种，需早春在设施内提前育苗。

② 父母本的播期　为确保杂交授粉时父、母本的花期相遇和供应充足的父本花粉，父母本应分别播种，并根据其熟性，确定各自的播期。如双亲熟性相近，父本可比母本早播 5 天左右。若母本熟性早，父本晚熟且花数少，则父本应比母本早播 15～20 天，以保证父母本花期相遇，并且在母本盛花期时有足够的父本花粉供人工杂交授粉的需要。

③ 父母本的种植比例　父母本株数之比为 1∶(4～6)，分片种植。父母本都采用 1m 宽小高畦，畦上栽 2 行，株距 21～25cm，每亩定植 4500～5000 穴。父本可每穴栽培双株，母本每穴栽单株。若为大棚制种时，不需隔离；若为露地制种时，要与其他异品种隔离 500m 以上。

④ 田间管理　父母本种株的田间管理同商品椒生产，授粉结束时，辣椒进入结果盛期，需加强水肥管理，增施磷钾肥，有利于提高种子产量和质量。前期应及时将母本株“门椒”和“对椒”的花果疏去，不用于杂交授粉。栽植母本的大棚要保持适宜的温度和较高的湿度，以形成相对稳定的小气候环境。授粉期间要采取小水勤浇的方法，经常保持地面湿润，以提高授粉效果。授粉后及时摘除授粉植株上多余花蕾，并进行打顶。

（2）杂交时期　应将杂交时期集中于气温 18～30℃的适宜季节。东北地区露地制种 6 月份适宜授粉。除季节和温度外，一般还应注意选择晴天进行人工杂交授粉，使种株有良好的光照，进行正常的光合作用。光合作用弱、消耗多、积累干物质少易导致落花落果。

（3）杂交技术

① 田间检查　首先要认真检查父母本的纯度，严格去杂去劣。另外对父母本植株的第 1 节位的花和果要摘除，本植株上已开放的花和所有果实也要全部摘除，把门椒以下发育不良的细弱枝条也剪掉。

② 去雄　辣椒花药在最大花蕾时期便在蕾内开裂散出花粉。已经散粉的花蕾便不能用于制种。而花粉的散出多在日温升高、湿度减小时开始。一般情况下，可

于每天上午 6～10 时或下午 3 时高温过后去雄，尽量避免中午高温的影响。去雄时在母本植株上选开花前 1 天的大花蕾，用镊子拨开花冠，摘除全部花药，动作要轻，不得碰伤柱头和子房。打开花蕾时，如发现花药已开裂，则应摘去花蕾。如镊子和手指碰上花粉时，需用酒精及时消毒，严防母本花粉再次落到柱头上。如需更换杂交组合时，也要用酒精对手指和镊子严格消毒。在去雄的同时可进行蕾期授粉，或每天下午去雄第 2 天上午授粉。现在辣椒杂交制种中多采用徒手去雄，具体操作是用左手捏住花梗与花托交接处，右手拇指和食指轻轻捏住花冠靠近花托的部位，顺时针旋转，缓慢地将花冠和花药拧掉（要注意不能损伤花柱），即可露出花柱和子房。如采用此法去雄，必须立即授粉。去雄过程中一旦发现未去雄而开放的花朵，应立即摘除，严防产生假杂种。

③ 花粉的采集和制备　每天早晨 6～8 时（如遇温度低、阴雨天可适当推迟），在父本植株上摘除微开或即将开放的白色大花蕾，或刚开放而花药未裂开的花。用镊子取下花药，放置在干净的蜡光纸上，使其干燥，然后将花药研碎、过筛、装管、保存（具体方法见番茄一节），以备第 2 天或当天授粉用。当天授粉后剩余的花粉可贮藏在相对湿度 75%左右、温度 4～5℃的条件下备用。

④ 人工杂交授粉　授粉应选无风或微风天气，适宜温度 20～25℃，温度低于 15℃或高于 30℃的天气不宜授粉。每日授粉时间因气温和湿度变化而略有变化。温度较高、湿度较小，则开花时间提前，需早授粉；温度较低、湿度较大，则开花时间延迟，需推迟授粉。一般情况下，上午 7～10 时为宜，其中 8～9 时最佳，因为这段时间柱头分泌物增多；下午可在 3 时后授粉。如一天中温度适宜，也可整天授粉。授粉时用特制的授粉棒或橡皮头沾上花粉轻轻地涂抹到已去雄花朵的柱头上，或利用玻璃管授粉器授粉，所涂抹的花粉要足量，柱头接触花粉的面积越大、花粉在柱头上分布均匀，则杂交果的结籽量越多。一般杂交授粉，每亩制种田（母本）在盛花期每天需 10～15 人，集中授粉 1 个月，即可基本完成。在每朵花授粉完后，应立即做标记，一般采用颜色鲜艳的细线套在花柄基部或用彩色记号笔涂抹花柄，也可用细铁丝做成圆环套在花梗处。每天结束授粉后，应将母本植株整个清理一遍。若发现没有杂交的花、蕾和无标记的果实，应立即全部摘除。此项工作要做多次，以保证杂交果实有充分的营养供应，提高果实内种子的饱满度，增加千粒重，避免假杂种。若是大棚内制种，为了防倒伏，一般需搭架。

(4) 种果采收和脱粒　辣椒杂交果从授粉到成熟，依品种、种株栽培方式和种果部位的不同而异。为了确保种子成熟，必须在种椒充分红熟时，只采收有标记的果实，无标记者以及虽有标记但发育畸形的果实一律淘汰。采收时，红熟一批采收一批，一般每隔 3～4 天收一次。同时选择晴天，及时脱粒晾干。

2. 利用雄性不育系繁育一代杂种

利用雄性不育系生产辣椒一代杂种，可省去蕾期去雄的手续，不必为授粉果实标记，授粉结束后，无需打花整枝，使一代杂种种子生产更加省工省时，简单易行，大大降低了制种难度和制种成本，并能提高杂种纯度。目前生产上采用的雄性不育系有两类，即雄性不育两用系和雄性不育三系。现将这两种不育系杂交制种技术要点分述如下。

(1) 雄性不育两用系杂交制种技术要点

① 辣椒雄性不育两用系的遗传模式　所谓两用系，就是一种作物本身兼有不育系与保持系两种性能，在遗传育种上被称作两用系。辣椒两用系其不育性是由一对核基因控制的隐性遗传，不育株为隐性纯合个体。F_2 代育性出现分离，可育株与不育株比例为 3∶1。两用系系内不育株与可育株姊妹交，后代出现可育株与不育株 1∶1 分离，而将可育株自交，后代出现可育株与不育株 3∶1 分离，说明其两用系内可育杂合体，与不育株只有一个基因的差异，其遗传基因式如图 5-14 所示。

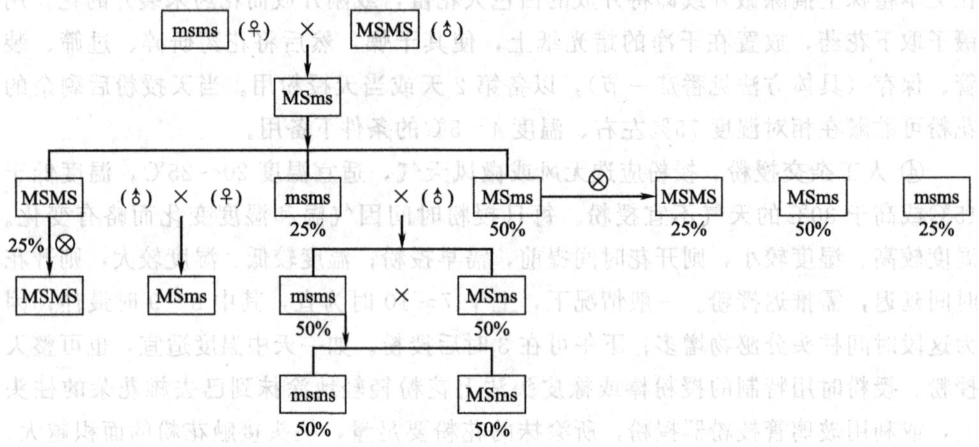

图 5-14　辣椒雄性不育两用系遗传机制基因式

MS—可育显性基因；ms—不育隐性基因

两用系的群体，在开花期，育性表现出符合统计的 1∶1 分离，其中雄性不育株在亲本繁育及杂交制种中被作为不育系应用；可育株在亲本繁育中被作为保持系应用，在隔离区内用可育株给不育株授粉，从不育株上收获的种子即为两用系。

② 杂交亲本播种量及定植密度　由于辣椒雄性不育两用系的不育株与可育株各占 50%，因此用两用系为母本制种时，母本播种量和播种面积比人工去雄授粉制种增加 1 倍，亩用种量 80～100g。母本密度以 8000～9000 株/亩为宜，定植行距不变，株距缩小一半（12～14cm），单株定植。

③ 育性识别及拔除可育株　杂交授粉前要拔除两用系内 50% 的可育株，留 50% 的不育株作为母本，进行杂交授粉。通常在门椒和对椒开花的时期鉴别拔除可育株。可育株与不育株花器的主要区别是不育株的花开放后，花药瘦小干瘪，不开裂或开裂后无花粉，柱头发育正常；可育株的花开放后，花药饱满肥大，花药开裂

后布满花粉。由于母本植株群体较大，各株间开花期又不同，所以育性识别与拔除可育株一般要进行4～5次，为减少工作上的时间浪费，在育性识别时将不育株叶片用彩色油漆涂上一个记号，在之后的识别中，就只限于在没有涂记号的植株中进行，同时可以判断出拔除可育株工作的进展程度。授粉前要彻底拔除可育株，以确保杂交种纯度。

④ 人工授粉　授粉前必须将不育株上已开的花和所有果实全部摘除，选择当天开放的父本花授粉。授粉后掐掉1～2片花瓣做标记。及时摘除未授粉已开过的花。授粉结束后不必打花整枝。利用两用系杂交制种，只要彻底拔除可育株，严格隔离区，可保证杂交种纯度。

种果的采收和脱粒同定型品种采种。

(2) 雄性不育三系杂交制种技术要点

① 雄性不育三系的遗传机制　辣椒雄性不育三系是指不育系（A系）、保持系（B系）、恢复系（C系），其遗传机制为核质互作不育型，即雄性不育性是核基因与细胞质共同作用的结果，只有不育的细胞质（S）与不育的核基因（msms）结合在一起才表现不育。植株若含有可育的细胞质（N）或可育的核基因（MS）则表现为可育，MS对ms为显性。不育系的基因型为（S）msms，保持系为（N）msms，恢复系的基因型为（S）MS MS或（N）MS MS。其遗传机制基因式如图5-15所示。这种不育系能较理想地用于辣椒杂种生产。

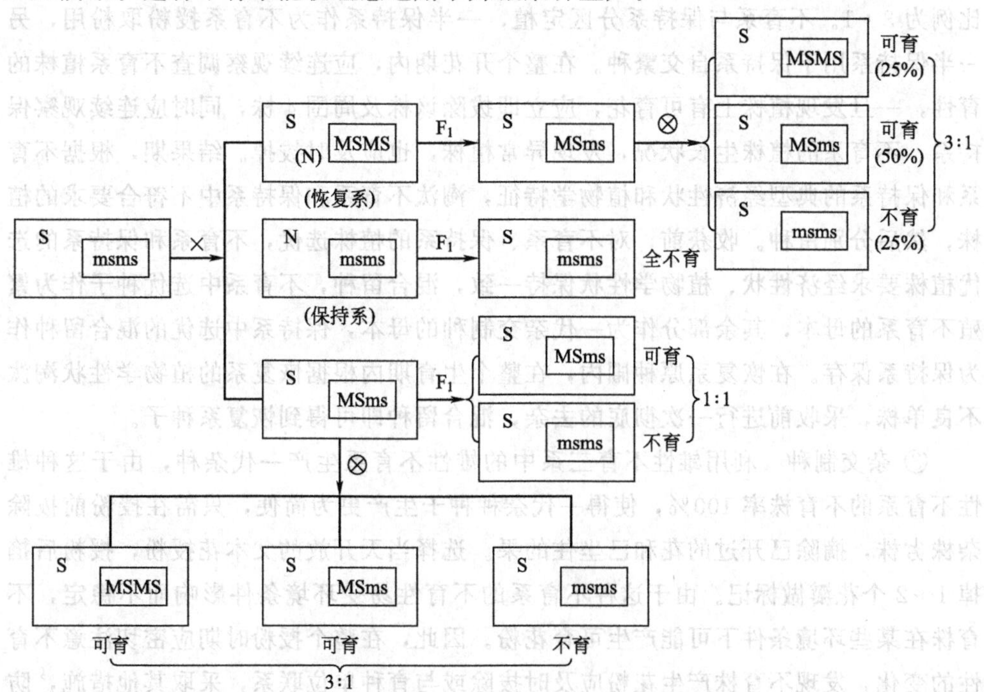

图5-15　质核互作型雄性不育系的遗传图示

以不育系为母本，以保持系为父本进行杂交授粉，从不育株上收获的种子即为新繁育出的雄性不育系种子，其中大部分种子作为下一年杂交制种田的母本，少量用作繁育下一代不育系的母本。保持系自交得到的种子为保持系种子。以不育系为母本，以配合力好的恢复系作父本进行杂交授粉，从不育株上收获的种子即为一代杂种，可用来作为下年的生产用种。用恢复系自交可繁育恢复系。其繁育程序如图5-16、图5-17所示。

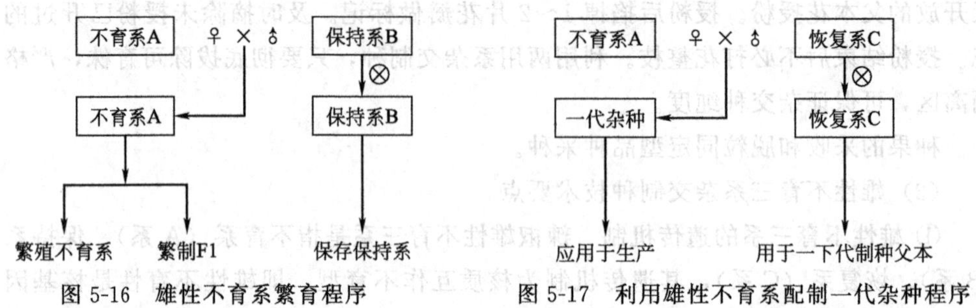

图 5-16　雄性不育系繁育程序　　图 5-17　利用雄性不育系配制一代杂种程序

② 雄性不育三系的繁育　为防止辣椒雄性不育系在繁殖过程中发生生物学混杂，应建立严格的三系两圃繁育体系，三系均采用60目防虫网纱隔离，繁育圃地与其他辣椒留种田和生产田空间距离在1000m以上或利用玉米等高秆作物隔离。将育成的雄性不育系与相应保持系安排在适宜的栽培季节种植，不育系与保持系的比例为3∶1。不育系与保持系分区定植，一半保持系作为不育系授粉取粉用，另一半保持系用于保持系自交繁种。在整个开花期内，应连续观察调查不育系植株的育性，一旦发现植株上有可育花，应立即拔除该株及周围4株，同时应连续观察保持系、不育系的植株生长状况，发现异常植株，也应及时拔掉。结果期，根据不育系和保持系的典型经济性状和植物学特征，淘汰不育系和保持系中不符合要求的植株，然后分别留种。收获前，对不育系、保持系的植株选优，不育系和保持系的选优植株要求经济性状、植物学性状保持一致，混合留种，不育系中选优种子作为繁殖不育系的母本，其余部分作为一代杂交制种的母本，保持系中选优的混合留种作为保持系保存。在恢复系原种圃内，在整个生育期内根据恢复系的植物学性状淘汰不良单株，采收前进行一次彻底的去杂，混合留种即可得到恢复系种子。

③ 杂交制种　利用雄性不育三系中的雄性不育系生产一代杂种，由于这种雄性不育系的不育株率100%，使得一代杂种种子生产更为简便，只需在授粉前拔除杂株劣株，摘除已开过的花和已坐住的果。选择当天开放的父本花授粉，授粉后掐掉1～2个花瓣做标记。由于这种不育系的不育性易受环境条件影响而不稳定，不育株在某些环境条件下可能产生可育花粉。因此，在整个授粉时期应密切注意不育性的变化，发现不育株产生花粉应及时拔除或与育种单位联系，采取其他措施，防止自交果产生。

资料卡

转基因耐贮藏番茄——华番一号

“华番一号”耐贮藏番茄是我国第一个基因工程品种。它是华中农业大学园艺系利用其创建的转基因耐贮藏番茄新品系与普通番茄品种杂交而成。经过3年的大规模生产试验、贮藏试验，产品的安全性试验之后，该转基因番茄于1997年通过农业部农业生物基因工程安全委员会的安全许可，于1998年3月通过湖北省农作物品种审定委员会审定，定名“华番一号”，商品名“百日鲜”。该品种获2002年湖北省科技进步一等奖。

华番一号番茄属无限生长型，生长势强，叶色浓绿。单果重100～150g，果实圆形，果面光滑无青肩和棱沟，成熟果呈大红色。结果能力强，一个花序可结果7～8个，结果期长，熟性早，品质好，风味浓，适于鲜食。果实耐贮藏，变色期果实在25℃温度下，可贮藏40～50天，较对照延长贮藏期20～30天。产量高，在两季种植地区一般每季667m^2产2000～4000kg，单季种植区为7000kg。该品种抗病抗逆性强，高抗烟草花叶病毒、抗早疫病、对黄瓜花叶病毒和青枯病有较好的耐病性、耐涝渍和干旱。

小　结

茄果类蔬菜中番茄、茄子为典型的自花授粉植物，雌蕊柱头被花药包围，天然杂交率较低。辣椒由于花柱基部生有蜜腺，可吸引昆虫传粉，天然杂交率较高，为常自花授粉植物。茄果类蔬菜的定型品种种子繁育技术相对比较容易，在隔离距离内，采种田去杂去劣后，得到的种果即可混合采种。茄果类蔬菜F_1代杂种的繁育均可采用人工去雄杂交制种技术，即父母本分别种植，母本开花前2天去雄，开花当天采集父本株上的花粉，给母本植株进行人工授粉，并做好标记。待种果成熟后采收标记果实脱粒即可得到杂交种子。辣椒除人工去雄杂交授粉外，还可利用雄性不育两用系或雄性不育三系繁育F_1代杂交种。以不育系作母本，可省去人工去雄的麻烦，采集父本花粉直接授粉即可得到杂交果，大大地简化了制种程序，是今后茄果类杂交制种的发展方向。

思 考 题

1. 简述番茄开花授粉的特点。
2. 番茄定型品种种子生产田中去杂去劣的依据是什么？

3. 简述番茄露地杂交制种亲本植株的育苗和定植的技术要点。

4. 番茄人工杂交制种需要准备哪些用具，各有何用途?

5. 番茄人工杂交授粉前如何制取干燥的花粉?

6. 简述番茄去雄和人工授粉的技术要点。

7. 杂交授粉后如何对母本植株进行植株调整?

8. 怎样提高番茄杂交种的纯度?

9. 简述番茄种子脱粒的技术要点。

10. 图示并说明茄子的分枝和着果习性。

11. 简述茄子露地杂交制种亲本植株育苗和定植技术要点。

12. 简述茄子去雄和人工授粉的技术要点。

13. 如何对茄子母本植株进行植株调整?

14. 利用辣椒雄性不育系进行杂交制种有何重要意义? 目前辣椒种子生产中可利用哪两种雄性不育系?

15. 简述两用系繁育和杂交制种的技术要点。

16. 简述利用三系繁育和杂交制种的技术要点。

第六章
白菜类蔬菜种子生产技术

目的要求 了解白菜类蔬菜的开花授粉习性，熟悉大白菜、结球甘蓝定型品种的种子生产技术，掌握白菜类蔬菜利用自交不亲和系和雄性不育系进行杂交制种的技术要点。

知识要点 大白菜、结球甘蓝的阶段发育习性和开花授粉习性；大白菜、结球甘蓝定型品种采种技术；大白菜、结球甘蓝杂交制种技术。

技能要点 大白菜、结球甘蓝成株采种的种株处理；大白菜雄性不育两用系内可育株的识别；自交不亲和系蕾期授粉；白菜类蔬菜人工辅助授粉。

第一节 大白菜种子生产技术

大白菜［*Brassica campestrix* L. ssp *pekinensis*（Lorur）Olsson］又称结球白菜，十字花科芸薹属植物。原产于我国，是我国的特产蔬菜，主要分布在我国北方。大白菜多以叶球为产品，不但营养丰富，还具有产量高、易栽培、耐贮运、供应期长等特点，是我国人民喜食的蔬菜之一，在全国各地均有栽培，在朝鲜、日本等国也广泛栽培。近年来，随着耐抽薹、抗热品种的推广，春白菜和夏白菜的栽培面积逐年增加，经济效益显著。

一、开花授粉习性

1. 阶段发育特性

大白菜为 2 年生植物，正常情况下，第一年进行营养生长，先形成旺盛的莲座叶而后形成发达的叶球；第二年进行生殖生长，完成抽薹、开花和结实。大白菜从营养生长向生殖生长转化需要经过一定的低温阶段，即春化过程。其花芽分化是在结球期和休眠期中缓慢进行，形成花薹和花蕾的雏体，到翌年春栽植时，母株具有短小的花茎和不同大小的花蕾。花薹的主茎到天气渐暖时开始迅速伸长，其上的花蕾逐渐长大并开花。其阶段发育过程如图 6-1 所示。

大白菜为种子春化型，萌动的种子在 2～10℃低温下，经过 10～30 天，即可通过春化阶段。在春化过程中，低温处理的时间越长、处理时植株的年龄越大，花芽分化越早。花芽分化以后，长的日照及高的温度会促进抽薹开花，但在通过春化

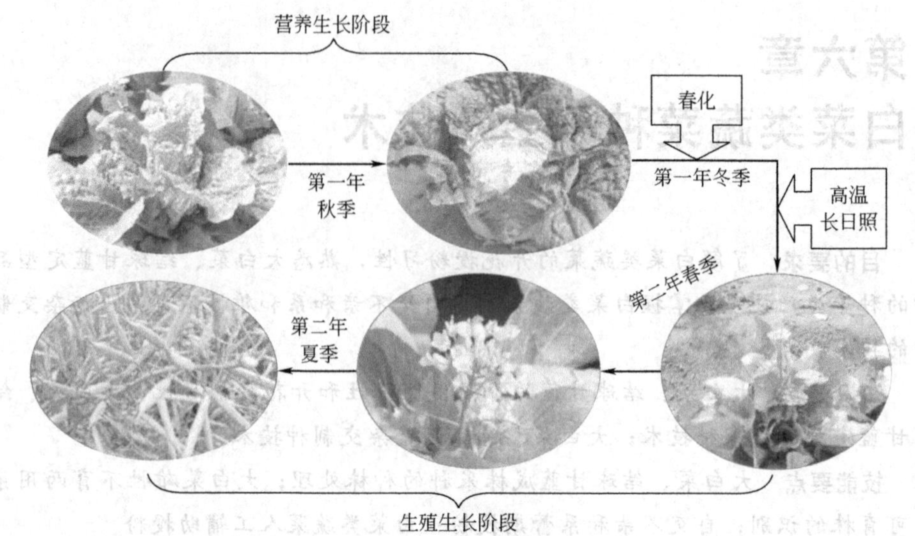

图 6-1　大白菜的阶段发育过程

阶段时，如果低温的时间很短，或虽经低温春化，但春化后生长在短日照条件下，就会发生各种各样的畸形花，或者花而不实，形成所谓半营养状态，大大影响种子产量。

2. 花茎的分枝和开花习性

大白菜为总状花序。花茎的分枝力强，一般可发生 3～4 次分枝，即主枝、一级分枝、二级分枝、三级分枝等（图 6-2）。通常主枝先开花，而后按一级分枝、二级分枝、三级分枝顺序开放。单枝开花顺序是从花序基部向上开。白菜种株的单株花数 1000～2000 朵，主要分布在一二级分枝上，其花量可达全株开花总数的 90%以上。大白菜单株花期 30 天左右，初花后较快地进入盛花期，盛花期中一二次枝大量开花，单株每日开花在 100 朵以上，最多可达 200 朵。全株盛花高峰与二次枝相一致，此期持续时间只有 10 天左右，因此授粉工作要在盛花期将要来到时就开始抓紧进行。

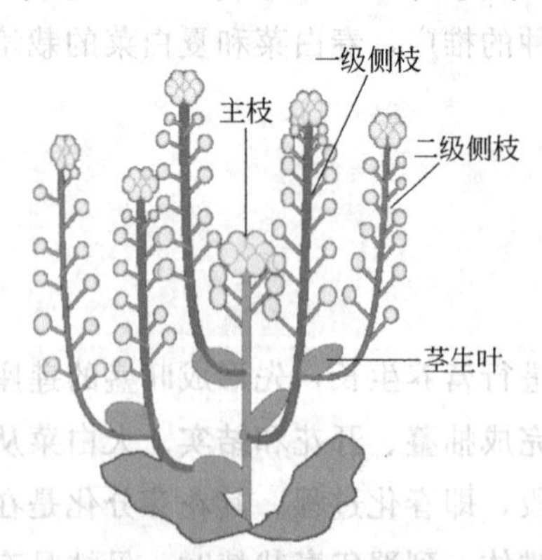

图 6-2　大白菜花茎分枝示意图

种株平均发生 200 枚左右茎生叶，茎生叶的优劣和持续时间的长短直接关系到种株结实的好坏，因此要注意保护并使之生长良好。

3. 授粉习性

大白菜花具萼片及花瓣各 4 片，雄蕊 6 枚，4 长 2 短；雌蕊 1 枚，蜜腺 4 个，位于花丝基部。大白菜为异花授粉作物，虫媒花，具有自交结实率低或不结实及自交生活力衰退现象。雌蕊由花前 4 天到花后 2～3 天均可受精结实，但以开花当日受精能力最强。雄蕊在开花前 3 天到花后 1 天的花粉具有生活力，亦以开花当日生活力最高。

4. 结实习性

一级分枝直接着生在主花茎上，是结实的骨干分枝，由其上着生的花朵发育成有效果百分率高、总量大，居各级枝有效果数的首位。单果种子粒数多、质量好，是杂交和自交选用的重点花枝，也是构成单株种子产量的主要花枝；二级分枝是着生在一次枝上的分枝，其分枝数量多，着花量大，占全株开花总数的半数以上，其有效果率虽较一次枝差，但由于着花总数量多，因而是提高单株种子产量潜力最大分枝。三级分枝处于种株外围，花量少、发育不良，对种子生产意义不大。

大白菜单果种子粒数多少因类型不同而有较大差异，多者可达 20 粒以上，少者仅 4～5 粒。花后 30～45 天种子成熟，每株产种量多者达 100g，一般在 50g 以下。

二、定型品种种子生产技术

大白菜为异交作物，有较强的自交不亲和性和明显的自交退化现象。因此，定型品种群体内往往具有较强的异质性。事实上目前生产上大量使用的定型品种（包括地方品种或育成品种）是一个性状相对稳定的群体，株间遗传差异较大。针对这一特点，在定型品种采种时确定相应的技术措施，以达到原品种优良特性不变并逐代有所提高，不造成生活力退化或遗传漂变的目的。

1. 采种方式

（1）成株采种　又称大株采种、老株采种、大母株采种。第一年秋季培育健壮种株，叶球成熟期严格进行田间选择，而后贮藏或假植越冬；第二年春季定植于露地采种。此法生产大白菜种子遗传纯度高，抗病性、一致性等性状也能得到较好的保持，但种子产量不如小株法及半成株法；占地时间长因而成本也较高。

（2）半成株采种　比成株采种晚 7～10 天播种，使之不能完全结球即行选择作留种株。此法由于植株比成株法小，故秋季定苗可比成株法增加 15%～30%；第二年春季定植密度也可达 5000 株/亩，所以种子单位面积产量高于成株采种法。而且半成株比成株抗寒、耐贮，在南方可露地越冬。但因选择效果不如成株法好，故种子质量不能像成株法那样完全得到保证。

（3）小株采种　即早春育苗采种。一般 1 月中下旬在阳畦内播种育苗，3 月中下旬定植，种株未经结球阶段，直接抽薹开花结籽。此法单位面积种子产量最高，占地时间最短，因而成本低。但无法根据叶球进行选择，故而种子质量不能保证。

因此，只能用高质量原种经小株繁殖生产用种，而不能用小株法采得的种子继续繁殖种子。

2. 成株采种法技术要点

（1）种株的培育　采种用的种株秋季播种期与商品生产稍有区别，为使种株采收贮藏时能长成充实的叶球以便选择，又不至于衰老不易贮藏，播种期应适当推迟5～10天，同时也能减轻病害的发生。栽植密度可适当增加10%～15%，3000～4000株/亩。在水肥管理上，为增强种株的耐贮性，应适当减少氮肥的用量，增加磷钾肥的用量，并在结球中后期控制浇水。种株的收获期比生产田提早3～5天，以防受冻。收获时带根拔起，就地晾晒2～3天，每天翻倒一次，以后菜根向内露天堆垛，天气转冷后入窖贮存。

（2）种株的选择　种株培育过程中需经多次选择，以提高种子纯度，防止退化。

① 苗期选择　直播者可通过间苗拔除异常株或变异株，育苗移栽者则可在定植前选苗淘汰。

② 成熟期选择　在大面积留种且品种纯度较高时，可采取去杂去劣法淘汰非典型的和感病植株。选择主要针对品种的典型性状如株型、叶色、叶片抱合方式、有无刺毛等进行，同时注意选留健壮、无病虫害、外叶少、结球紧实的种株。包心品种应注意选叶球包盖良好、少露内叶者；竖心品种应选菜头较齐、外叶长于叶球的，以利保护叶球。

③ 贮藏期选择　应注意淘汰受热、受冻、腐烂及根部发红的种株，特别要淘汰贮藏后期脱帮多、侧芽萌动早、裂球及衰老的种株。

④ 定植后选择　种株抽薹开花后，可根据种株的分枝习性，以及叶、茎、花等性状，进一步淘汰非标准株。

（3）种株栽前处理　种株定植前30～50天左右，要把叶球上部切去，以利抽薹。南方假植越冬者也要如此处理叶球。菜头切除过早不但易使菜心受冻，还会使种株失水过多，定植后种株生长衰弱，种子产量低。切头过晚则容易损伤花薹也会影响采种量。切头的方式有很多种，如一刀切法、两刀切法、三刀切法和环切法（图6-3），其中以三刀塔形切法最合理。即在白菜短缩茎以上7～10cm处以120°角转圈斜切3刀。切口与白菜纵轴的夹角约30°～45°，使余下部分呈塔形。切成塔形的菜头放在不会受到冻害的场所（如大棚或阳畦等），使其白天见光，有利于刀口愈合和叶片变绿，提高定植后的成活率。

（4）种株定植及定植后管理

① 采种田隔离　大白菜是异花授粉植物，采种田需严格隔离，应与其他大白菜品种或油菜、芜菁、小白菜、芥菜等采种田隔离2000m以上。在隔离区间有树

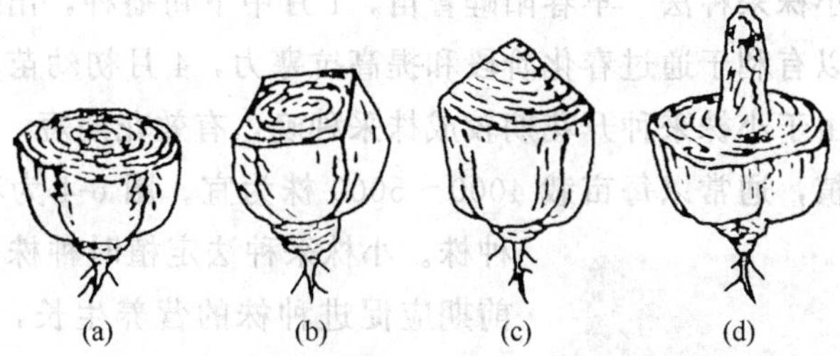

图 6-3　大白菜种株处理方法

（a）一刀切法；（b）两刀切法；（c）三刀切法；（d）环切法

林、山峦等障碍的情况下，隔离 1000m 以上。此外，在隔离区内栽培的春白菜之类生产田，如有抽薹迹象，应及时收获。另外，采种田忌与十字花科蔬菜连作，最好选择 2～3 年未种十字花科蔬菜的地块安排制种。

② 定植　早春当 10cm 土层的温度达到 6～7℃时即可定植。辽宁省一般在 3 月末～4 月初定植，在不受冻害的前提下，尽量早栽，以利发根及后期种株的生长发育。为防止软腐病，可采用垄作，每亩定植种株 3500～4500 株。栽植深度以菜头切口和垄面相平为宜。栽植时，必须培土踩实，不要留有空隙。如培土不严，主根不能靠紧土层，新根发生后会因土壤“漏风”而干死。

③田间管理　大白菜采种中种子产量主要来自主薹、一级分枝和二级分枝上的种荚，因此水肥管理应根据这一特点进行调控。定植期较早，土壤墒情好时，栽后不需要立即浇水，以免降低土温，但如定植期晚，土壤干旱时应适当浇水。当主茎伸长约 10cm 左右时，结合追肥浇水一次，以不干旱为宜，开花期应多次浇水，保证水分充足，盛花期后减少灌水，种子成熟前半个月停止浇水，以促进种子成熟。种株定植前要施足底肥，同时注意加入过磷酸钙和草木灰。在花茎高 10cm 左右及盛花期分别追施氮肥和磷肥 2～3 次。大白菜的花是虫媒花，传粉媒介的多少与种子产量关系密切，通常每亩采种田需设一箱蜂，以辅助授粉。种株结荚后，为防止倒伏造成减产，最好立支架防倒。种株生长期要注意防治病虫害。

（5）种荚的收获和脱粒　大白菜从开花到种子成熟需要 30～45 天。种子采收时期早晚对种子产量与质量有一定影响。由于种荚老熟后易自然开裂，为防止采收时落粒，通常在主枝和第一、二级分枝上的种荚变黄时，于早晨露水未干时，用镰刀从地上部割断，一次性收获。为使尚未完全变黄的种荚内种子有一段后熟时间，应将收获后的种株放在晾晒场上晾晒 2～3 天，然后再行脱粒。

3. 小株采种法技术要点

大白菜萌动的种子即可感受低温，利用这一特点在苗期就可通过春化，在长日照条件下不经结球就直接抽薹开花生产种子。根据播种方式的不同，小株采种又可分为以下几种。

（1）春育苗小株采种法　早春阳畦育苗，1 月中下旬播种，出苗后注意给予一定时间的低温，以有利于通过春化阶段和提高抗寒力，4 月初幼苗具 6～10 片真叶时定植于露地。由于小株采种开花期较成株采种晚，有效花期短，为获得较高的种子产量应适当密植，通常以每亩栽 4000～5000 株为宜。图 6-4 为春育苗小株采种种株。小株采种法定植时种株营养体小，因此前期应促进种株的营养生长，防止过早抽薹；又因花期偏晚，开花后期进入高温季节易造成“青干”，所以后期应注意防止种株早衰，设法延长有效花期。因此，水肥管理与成株采种法有所区别。除采种田应施足底肥外，基肥中还应增加适当速效肥。定植后浇一次定植水，过 3～5 天再浇一次缓苗水，进行中耕以提高土壤通透性及地温，促进缓苗。大白菜小株采种切忌蹲苗，当种株缓苗后就应加强肥水管理，一促到底，即在全生育期不使种株脱水脱肥。有条件的地区最好隔一水追一肥，应以速效氮肥为主。停水时期也应比成株采种晚。一般应到绿荚期方可停止浇水，以防在高温季节早停水种株干旱，降低种子千粒重。小株采种的种子采收技术与成株采种基本相似。

图 6-4　春育苗小株采种种株

（2）露地越冬小株采种　在冬季平均最低温度高于－1℃的地区，可在冬前露地直播或育苗移栽，到翌年春季采种。为使幼苗能正常越冬不受冻害，越冬期幼苗应维持 10 片叶大小为宜，必要时可适当用稻草、马粪或麦糠等物覆盖。通过一个冬天的低温，第二年春季即可抽薹开花。这种方式，开花早，产量高，种子成熟早，有利于当年种子调运和使用。

（3）春季直播小株采种　即当年春季播种，于当年夏季收获种子的采种方法。为满足采种植株对低温的要求和提早开花延长有效花期，适期早播是这一采种方式的关键。一般在早春表土化冻后即可播种。东北地区可在 3 月中下旬播种，出苗后可间苗 1～2 次，每亩留苗 8000～9000 株。田间管理与春季育苗小株采种法基本相同。

（4）春化直播小株采种法　东北中北部及内蒙古部分地区，由于无霜期短，白菜播种期早。为保证当年采收的种子能赶上秋播，常采用这种方法。即在最佳播种期（耕作层化冻）前 7～25 天，将白菜种子用 45℃温水中浸泡 2h 后，再置于 25℃下催芽，经 20～40h 种子萌动后，将萌动的种子装入纱布袋中，置 0～5℃的冰箱中，将纱布袋摊平，处理 25～30 天。每天检查温度，每 3 天检查一次种子湿度。每台冰箱可处理 3～10kg 种子，繁种面积可达 1～$2hm^2$，抽薹率可达 95%以上。

三、一代杂种种子生产技术

大白菜杂种优势明显。利用优良的一代杂种不但在丰产性、抗病性及品质等方面能有明显的优势，而且品种纯度也可明显优于固定品种。因此大白菜一代杂种越来越被人们重视。由于大白菜为雌雄同花作物，花器小，利用人工去雄杂交授粉配制一代杂种在生产中不实用。我国大白菜一代杂种种子生产主要有两种制种方法，即利用自交不亲和系和利用雄性不育系制种。

1. 利用自交不亲和系繁育大白菜一代杂种种子

(1) 亲本自交不亲和系的繁殖保存　大白菜自交不亲和系亲本的繁殖可采用成株采种法，也可采用小株采种法。亲本采种田应与其他白菜品种及易与之杂交的小白菜、油菜、菜薹、乌塌菜等隔离 2000m 以上，或以大棚、网室、套袋等方法进行机械隔离。其种株的栽培管理同定型品种的原种生产基本相同，关键技术在于蕾期自交授粉。通常等种株进入花期后，选择健壮的一级、二级分枝中部的花朵，取当天或前 1 天开放的花朵中的花粉涂抹在同系用人工剥开的花蕾柱头上，最适蕾龄为开花前 2～4 天，花蕾大小一般以开放花以上 9 个花蕾为最佳状态。切不可只剥大蕾授粉，这样会使结实率明显下降。蕾期授粉时要尽量少损伤花朵，不要强力转动花蕾，防止花柄损伤影响结实。

如网室或大棚中同时定植多份材料，不同材料间一定要用薄膜或玻璃隔开。不同材料要分别有专人负责授粉。如授完一份材料后要更换到另一份材料授粉时，授粉人员的手、镊子一定要用 75% 的酒精严格消毒，还必须更换工作服。利用纸袋隔离必须在花蕾未开放前套在花枝上，待花枝下部花朵开放后取同株纸袋内的花粉进行蕾期授粉。授粉后要立即将隔离纸袋重新套上。直到花枝全部花朵均已凋谢方可将纸袋摘除。如将不亲和系种株定植在隔离网室或空间隔离区内，进入花期后每天或隔日向开放的花朵上喷洒 2%～3% 的氯化钠溶液一次，以后靠蜜蜂或人工辅助授粉，即可获得系内自交种子。此法简单易行生产成本低，但并非对任何自交不亲和系均有效，因此使用前需先做试验。

(2) 利用自交不亲和系杂交制种　利用不亲和系生产大白菜一代杂种种子多采用春季育苗小株采种法。即早春将父母本种子按 1∶1 的比例在阳畦内播种育苗，每亩制种田用种 20～30g。幼苗具 2～3 真叶时分苗一次，当种株具 6～10 片叶时将父母本种株隔行定植在隔离区内。注意控制父母本花期相遇，以后即可任其自由授粉结实，为提高种子产量可放置蜜蜂辅助授粉，或利用鸡毛掸人工辅助授粉。这样在自交不亲和系上收获的种子即为一代杂种种子。

2. 利用雄性不育系两用系繁育一代杂种种子

(1) 雄性不育两用系的繁殖和保存　迄今发现大白菜雄性不育材料，其雄性不育性多由一对隐性核基因控制，不育基因为“ms”，不育株基因型为“msms”；可育株基因型为“MSms”。其遗传模式如图 6-5 所示。每代有 50%的不育株和 50%的可育株，用可育株给不育株授粉，其仍有 50%不育株。正因为这类不育系每代能稳定分离出 50%的不育株起到不育系的作用，同时利用姊妹交又可保持仍有 50%不育株，因此又具有保持系的特性，故称为两用系。

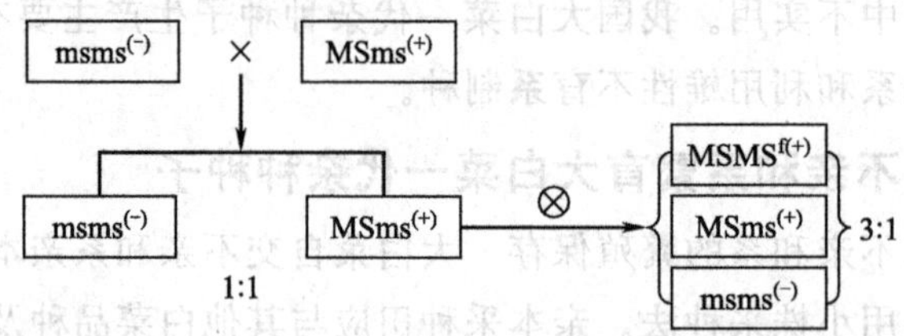

图 6-5 大白菜单隐性核基因雄性不育性遗传模式

大白菜雄性不育两用系的繁殖，可利用成株采种也可利用小株采种。将种株定植于隔离区内，在种株进入花期后进行调查，在不育株的主薹上挂牌做标记。采种田自由授粉。待种子成熟后，将不育株上的种子单收，就得到两用系原种。

(2) 利用雄性不育两用系杂交制种

① 种株的定植 利用雄性不育两用系生产大白菜一代杂种种子，一般都采用小株采种法。早春将父母本按 1∶7 的比例进行育苗，每亩制种田总用种量为 25～50g。幼苗具 2～3 片叶时分一次苗，幼苗具 6～10 片叶时定植于隔离区内。定植方式是将父母本按 1∶3 行比间隔定植。具体根据不同亲本材料而异，体形较大的亲本，父本株行距为 47cm×47cm，母本株行距为 18cm×47cm；体形较小的亲本，父本株行距为 33cm×33cm，母本株行距为 13cm×33cm。

② 拔除母本可育株 初花期鉴别不育株，不育株的基本特征是花序整齐，花冠色浅，花药较小，挑开花药，药内无花粉。也有白色花药的不育类型。在全田母本行中找到最早开花的一株不育株。当它的第一侧枝即将开花时开始拔母本行中的可育株。以后连续每天上午 9 时前拔除母本行可育株，直到全部拔净为止，约需 3～7 天。

③ 杂交授粉和种子收获 拔除母本可育株的同时可将不育株主薹摘心，作为标记以检查拔除可育株的工作，同时又可推迟不育株的花期，防止其在母本行可育株尚未拔净时接受同系花粉形成假杂种。当母本行可育株拔净后即可任其与父本自然杂交，在母本上采收的种子就是一代杂种。为保证种子采收时不出差错，也可在种子采收前 25 天左右提前将父本割除。

3. 利用新型核基因控制的雄性不育系繁育一代杂种种子

(1) 100%不育株率的雄性不育系的繁殖

① 遗传机制 用大白菜甲型两用系的不育株作为母本和乙型两用系的可育株

杂交，其中某些组合可获得 100%不育株率，冯辉等用复等位基因假说对其遗传机制进行了解释。即在控制育性的位点上有具 MS^f、MS 和 ms 三个复等位基因，MS^f 为显性恢复基因，MS 为显性不育基因，ms 为隐性可育基因。三者之间的显隐关系为 MS^f＞MS＞ms，不育株有 MSMS 和 MSms 两种基因型；可育株有 MS^fMS^f、MS^fMS、MS^fms 和 msms 四种基因型。其遗传模式见图 6-6。利用 100%的雄性不育系作杂交母本，省去了拔除可育株的工作，杂交率可达 100%，使大白菜一代杂种制种技术进入了一个新的历史时期。

② 利用两用系内姊妹交的方法分别繁育甲型两用系和乙型两用系。

③ 将已获得的甲型两用系和乙型两用系按 2：1 行比隔行栽植于隔离区内。初花期分行鉴别不育株，拔除甲型两用系行上的可育株，一定要拔尽，同时将主枝摘心，促进侧枝发育，以延迟花期。用甲型不育株接受乙型可育株花粉，可人工授粉或在隔离区内自然授粉。这样从甲型不育株上收获的种子为 100%不育株率的雄性不育系，同时单株的不育度亦为 100%（无可育嵌合可育枝条）。乙型授粉者可称为临时保持系，在乙型两用系的不育株上做标记，不育株上收获的种子可繁育乙型两用系。

(2) 利用 100%雄性不育系杂交制种　采用小株采种法培育父母本植株，用雄性不育系作母本，与父本自交系按 1：(3～4) 的行比定植于隔离区内，花期自由授粉或辅助授粉，在不育系上收获的种子为一代杂种。

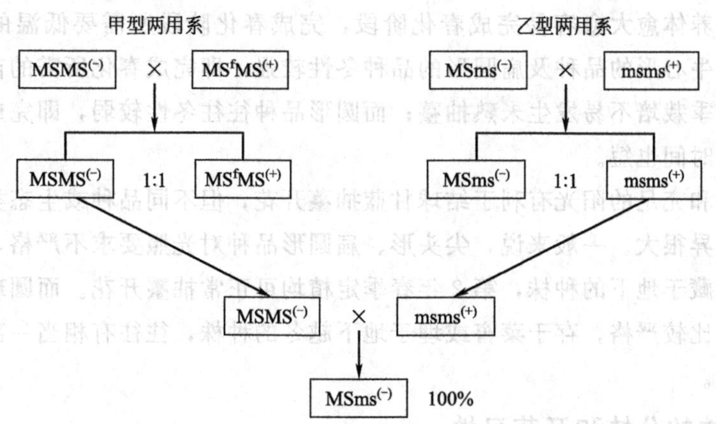

图 6-6　复等位基因控制的雄性不育遗传模式

第二节　结球甘蓝种子生产技术

结球甘蓝（*Brasica oleracea* L. Var. capitata L），别名卷心菜、包菜、洋白菜等，是十字花科芸薹属甘蓝种中能形成叶球的 2 年生植物。其叶球营养丰富，可炒食、煮食、凉拌或腌渍，深受广大消费者的欢迎。结球甘蓝原产于地中海至北海沿岸，是欧洲、美洲各国的主要蔬菜，目前已在世界各地普遍栽培。16世纪传入中国，全国各地均有栽培，是东北、西北、华北等较冷凉地区春、夏、秋季种植的主要蔬菜之一，南方各地秋、冬、春季也大面积栽培。各地选用适宜的品种实行排开播种，分期收获，在蔬菜周年供应中占有重要地位。

一、开花授粉习性

1. 阶段发育特性

结球甘蓝为2年生作物，其生育周期中明显分为营养生长和生殖生长两个时期。一般在第1年形成营养体（叶球），经过冬季低温完成春化阶段的发育，开始花芽分化，然后在春季抽薹开花。

结球甘蓝为绿体春化型植物，萌动的种子在低温条件下不能进行春化作用。完成春化阶段必须具备两个条件：一是一定大小的营养体；二是在一段相当长的时间内经受一定范围的低温作用。一般认为，茎粗0.6cm以上，真叶数7片以上的幼苗，经过50～90天、0～12℃的低温作用，就可完成春化阶段发育，但温度过低则不利于通过春化。所以，我国各地春季栽培的结球甘蓝，如果播种过早，或因为品种选择不当和越冬时秧苗过大，往往会因为完成春化阶段而造成“未熟抽薹”，造成很大的损失。完成春化阶段所需要的时间与植株大小和品种类型有关，一般来说，植株营养体愈大愈容易完成春化阶段，完成春化阶段所需要低温的时间也短些。大部分牛心形的品种及扁圆形的品种冬性较强，即完成春化所需的苗大，低温时间长，春季栽培不易发生未熟抽薹；而圆形品种往往冬性较弱，即完成春化所需的幼苗小，时间也短。

长日照和充足的阳光有利于结球甘蓝抽薹开花，但不同品种或生态类型，对光照的反应差异很大。一般来说，尖头形、扁圆形品种对光照要求不严格，冬季贮存于菜窖或埋藏于地下的种株，第2年春季定植均可正常抽薹开花。而圆球形品种对长日照要求比较严格，存于菜窖或埋于地下越冬的种株，往往有相当一部分不能正常抽薹开花。

2. 种株的分枝和开花习性

（1）分枝习性　结球甘蓝采种植株的高度因品种和栽培管理条件不同而异，早熟牛心形品种，种株高度约1.0～1.2m，而圆球形和扁圆球形品种，植株高度可达1.3～1.8m。结球甘蓝为复总状花序，在中央主花茎上的叶腋间可发生一级分枝；一级分枝的叶腋间可发生二级分枝。当养分充足，管理条件好时，还可发生三级、四级分枝。不同生态类型的分枝习性不同。圆球形品种的种株，中央主茎生长势很强，分枝数比较少；而牛心形和扁圆球形品种，主茎生长势没有圆球形品种强，但一级、二级分枝甚至三级分枝都比较发达。

(2) 开花习性

① 开花数量 一株健壮的种株约有 800～2000 朵花，但植株的花数也因品种和栽培管理条件不同而有差异。冬前定植且管理良好的种株，每株花数可达 1000 朵以上，而第 2 年春季定植于露地的种株，如管理不当，常只有 300～400 朵花。从一个植株来说，一般是主薹先开花，然后是由上至下的一级分枝开花，而后是二级、三级、四级分枝逐渐先后开花，从一个花序来说，花朵是由下而上逐渐开放。各级分枝上的花数不论是主薹发达或不发达的植株，都是一级分枝上的花数最多，二级分枝和主茎次之。

② 花期 春季开花时间的早晚在品种之间差异很大，一般来说，在同样栽培管理条件下，牛心形和扁圆形的品种花期要比圆球形品种早 7～15 天。即使是同一个品种，植株之间的花期也常相差 7 天左右。一个品种的开花期约 30～50 天。就一植株来说，花期一般 20～40 天。生长势强的植株或品种花期长一些；生长势弱的植株或品种花期短一些。

一个花序上每天约开花 2～5 朵。晴天气温较高时每天开 4～5 朵；阴雨天气温较低时开 2～3 朵。绝大多数花在上午 11 时前开放，但也有少数花在下午开放。在自然条件下，每朵花一般开放 3 天，然后凋谢。而在温室里或隔离纸袋中，湿度较高的条件下可开放 4～5 天。

3. 授粉习性

(1) 花器结构 结球甘蓝的花为完全花，包括花萼、花冠、雌蕊、雄蕊几个部分，每朵花最外轮有 4 个绿色的萼片。花冠由 4 个黄色或金黄色的花瓣构成，开花后 4 个花瓣呈十字形排列，花瓣内侧着生 6 个雄蕊，其中 2 个较短，4 个较长，每个雄蕊顶端着生花药，花药成熟后自然裂开，散出花粉，雄蕊基部有 4 个蜜腺。雌蕊在花的中央，由柱头、花柱和子房三部分组成。子房有 2 个心皮，能容纳有 25～30 个胚珠，这些胚珠排列在中心胎座的两侧。花朵在刚开放时雌蕊一般与雄蕊等长，如图 6-7 所示。

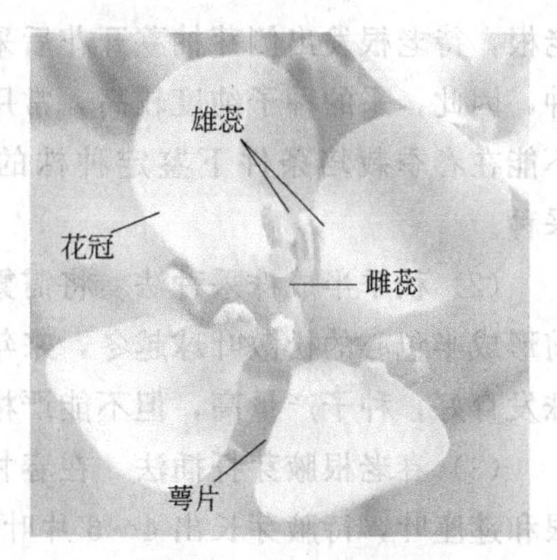

图 6-7 甘蓝花器结构

(2) 授粉受精 结球甘蓝为典型的异花授粉作物，在自然条件下，植株的授粉靠昆虫来完成，把两个不同的品种栽植在一起进行天然杂交，杂交率一般可达 70%左右。

结球甘蓝柱头和花粉的生活力一般以开花当天最强。柱头在开花前 6 天和开花后 2～3 天都可接受花粉进行受精，开花前 2 天和开花后1天的花粉都有一定的生活力，如果将花粉取下，贮存于干燥器内，在室温条件下花粉生活力也可保持7天以上，在0℃以下的低温干燥条件下可保持更长时间。在异花授粉及15～20℃温度条件下，2～4h后花粉管开始生长，经过6～8h，穿过花柱组织，经过36～48h完成受精。受精时的最适温度为15～20℃，在低于10℃的情况下花粉萌发较慢；而高于30℃时也影响受精作用的正常进行。

4. 结实特性

甘蓝的果实为长角果，圆柱形，种子排列在隔膜两侧。每个种株一般结有效种荚900～1500个。在一个植株上，大部分有效种荚集中在一级分枝上，其次是在二级分枝和主枝上。每个种荚约有20粒种子，在一个枝条上，上部种荚和下部种荚内种子较少，而中、下部种荚种子最多。

结球甘蓝的种子成熟所需要的时间，也常因品种类型和温度条件不同而不同。圆球类型品种的种子，成熟时间一般需要长一些，牛心形和扁圆形的品种需要的时间短一些；在高温条件下种子成熟的快些，而温度较低时成熟得慢。

果实成熟时，果壳从果柄基部向上开裂，留下种子附着于胎座之上，最终由于机械力量的作用而脱落。结球甘蓝种子为红褐色或黑褐色，千粒重为3.3～4.5g，一个健壮的种株一般可收种子50g左右。

二、定型品种种子生产技术

1. 采种方式

（1）秋季成株采种法　将需繁殖的结球甘蓝品种于秋季适时早播，让其叶球在越冬前基本长成，然后选择优良植株留种。此法又可分为带球采种和割球法采种。带球采种法是将中选的种株带完整的叶球越冬，翌年把叶球顶端用刀切成十字形，使其抽薹开花采种。割球采种法包括两种：一种是只将叶球的外部和外叶切去，种株带叶球的中心部分越冬翌年采种；另一种是在冬前或越冬后割去全部叶球，留下老根，待老根发出侧芽抽薹开花后采种。由于秋季成株法采种可按植株性状严格选种，因此，采的种子纯度较高，常用此法繁殖秋季结球甘蓝品种的原种。由于此法不能在春季栽培条件下鉴定种株的冬性与结球性状，故春甘蓝不宜连续用此法采种。

（2）秋季半成株采种法　将需繁殖的结球甘蓝品种于秋季适当晚播，使其在冬前形成半包心的松散叶球越冬，来年春季采种。此法种株占地时间短，成本低，种株发育好，种子产量高，但不能严格选种，因此，可采用此法繁殖一般生产用种。

（3）春老根腋芽扦插法　在春甘蓝生产田中选择优良单株，切去叶球，留下老根和莲座叶，待腋芽长出4～6片叶时，将其连同部分老茎组织切下扦插。为提高成活率，扦插后要搭棚遮阴、防雨、防晒，并注意浇水保持湿润，生根后可减少浇水次数，秋季植株形成叶球，越冬后第 2 年采种。此法繁殖春结球甘蓝，由于种株经过春季严格的选择，可保持春甘蓝良好的特性。但此法采种费工，成本高，春甘蓝的采种也可用秋季成株和春老根腋芽扦插两种方法交替进行。

2. 秋季成株（半成株）采种技术要点

(1) 种株的培育　种株第 1 年的栽培管理与商品菜生产基本相同。但播种期可稍晚。如采用秋季成株法采种，北方地区中晚熟品种可在 6 月下旬播种，早熟品种在 7 月下旬播种。如采用半成株法采种，播种期要比成株法采种晚播约 15 天。甘蓝多采用育苗移栽法，每亩需种子 20～25g。由于育苗时期正值高温多雨季节，要选择土壤肥沃、地形较高的地块作小高畦育苗，出苗前畦面上搭阴棚以防暴雨和暴晒。幼苗长到 2～3 片真叶时移栽于大田。如采用成株法采种，中晚熟类型株行距为 43cm×50cm，早熟类型为 33cm×40cm，如采用半成株法采种，中晚熟类型株行距为 36cm×43cm，早熟类型为 27cm×33cm。从苗期到种株收获前，除注意一般水肥管理外，特别应注意用药剂防治菜青虫、蚜虫的危害。

(2) 留种种株的选择　在生产田内选留种株通常采用混合选择法，入选率不超过 25%；在专门的种子田内则可通过株选去杂去劣以保证种子的纯度。种株选择通常在苗期、叶球形成期、抽薹开花期三个时期进行。为保持结球甘蓝原品种的特性，采种种株至少保持 50 株以上混合授粉。

① 苗期　选择无病、健壮、叶片形状、叶色、叶缘、叶面蜡粉、叶柄等性状均符合本品种特征特性的秧苗为种株。甘蓝的叶形与球形有一定的相关性，通常平头型品种叶片为圆形或椭圆形，尖头形品种的叶片则较长。

② 叶球形成期　在收获叶球之前，选择植株生长正常、无病害、外叶少、叶球大而圆正，外叶及叶球主要性状均符合本品种特性的植株留种。在专门的种子生产田内，要特别严格地去杂去劣，淘汰所有非典型的异型植株和感病植株。若为原种生产，则应在莲座期也进行 1 次去杂去劣。

③ 抽薹开花期　主要根据开花期种株高度及分枝习性，花茎及茎生叶颜色等性状进行选择，淘汰不符合本品种特性的植株。

(3) 种株的越冬　华北南部及以南地区，种株可在露地越冬或稍加覆盖越冬。华北地区的中部、北部及西北、东北地区，选好的种株需贮藏越冬，贮藏的方法有阳畦假植、死窖埋藏、活窖贮藏等方法。

① 阳畦假植贮藏　将中选种株连根挖起，除去老叶病叶，囤在阳畦内，然后浇一次透水，夜间温度低于 0℃时应加盖草帘或蒲席，白天揭开，使阳畦内温度保持在 0℃左右。

② 死窖埋藏　先选地势较高、排水较好的地方挖沟，沟深一般 80～90cm，宽 1m，种株收获后晾晒 3～4 天，在上冻前将种株囤于沟内，随着气温的下降，在种

株上面逐渐加盖土壤或其他覆盖物，覆盖厚度根据各地气温高低不同而异，总的原则是既保持种株不受冻害，又不要因覆盖过厚而使种株受热腐烂。

③ 活窖贮藏　将收获的种株去掉老叶、病叶，晾晒3～4天，在上冻前存入贮藏大白菜的菜窖里，为充分利用菜窖空间，可在窖的两边用木条或竹杆搭架，结球甘蓝种株放在架上，窖内温度经常保持在0℃左右，相对湿度以80%～90%为宜。

（4）种株的处理　如采用成株法采种，当第1年种株成熟时，须对植株进行处理以利于抽薹开花。处理方法有以下三种。

① 留心柱法　即将叶球外部及外叶切去，只留心柱，然后连根移栽。具体做法是将心部垂直切成约6cm见方的柱形；或用尖刀在叶球基部向上斜切一圈，然后揭去叶球外部。此法有利于主茎与侧枝的抽生，种子产量高，效果最好。但叶球不能作为商品出售。

② 刈球法　将叶球从基部切下，切面稍斜，以免髓部积水腐烂。切球后待外叶内侧的芽长到3～6cm时切去外叶，然后带根移栽于采种田。此法留种叶球可作为商品，但主茎被切，主要靠侧枝留种，故单株种子产量低。

③ 带球留种法　经露地越冬或窖藏后的叶球，春暖前用刀在叶球顶部切划"十"字，深度约为球高的1/3（以不伤生长锥为原则），以助抽薹。此法留种单株产量比刈球法稍高，但叶球不能利用。

（5）采种田的管理

① 隔离条件　结球甘蓝为典型的异花授粉植物，易与甘蓝类其他作物杂交。为保证种子纯度，结球甘蓝采种田至少应与其他结球甘蓝品种及花椰菜、球茎甘蓝、芥菜、青花菜抱子甘蓝、羽衣甘蓝等的采种田严格隔离，原种生产隔离距离应在1600m以上，生产用种则要求1000m以上。

② 定植　不能露地越冬的地区，应在第2年春季定植，通常每亩定植4000株左右。定植后，为促进种株尽快缓苗，并提高种子产量，可覆盖地膜。浇2次缓苗水后，及时中耕以提高地温并促成种株根系发育。

③ 种株的栽培管理　种株抽薹后，可将下部老叶、黄叶去掉。开花后注意适当打去废弱侧枝和尾花，以集中养分供给角果。为防止花枝折断和倒伏，可在植株四周支架围绳。在种株整个生长期间，要特别注意防止蚜虫、小菜蛾和菜青虫等的危害。进入始花期后，注意追肥浇水，每亩追施硫铵20kg、过磷酸钙10kg。当进入盛花期时，每隔5～7天浇一次水，仍要适当追肥，每亩追硫铵15kg左右、过磷酸钙10kg左右。进入结荚期，虽可适当减少浇水，但如遇高温干旱天气，应注意及时灌溉。到种荚即将成熟时停止浇水，以防种株发出第2茬花枝。花期喷药防病时可加10mg/L的硼酸水溶液以促进受精，提高种子产量。

（6）种子的收获　当1/3种荚开始变黄时即可开始收获。由于成熟种荚容易裂开，因此收获不可过迟，并注意在上午9～10时前收获，以免种荚炸裂而造成损失，收获后的种株可在晒场上后熟3～5天，但要注意翻动，并要防止雨淋，以免造成种子霉烂。脱粒的种子要及时晒干，但不要在水泥地或塑料地膜上暴晒。在晾晒、脱粒、清选、装袋过程中，应有专人管理，以防机械混杂。一般每亩可产种子50kg左右。

三、一代杂种种子生产技术

结球甘蓝的杂种优势明显，但其与大白菜类似，具有花器较小，单花结籽少，而生产用种量较大的特点，因此，人工去雄杂交授粉生产一代杂种在生产实际中并不可行。因此，国内外多利用结球甘蓝的自交不亲和系配制一代杂种。所谓自交不亲和性是指两性花植物，雌雄性器官正常，在不同基因型的株间授粉能正常结籽，但花期自交不能结籽或结籽率极低的特性。而具有自交不亲和特点，且能稳定遗传的自交系称为自交不亲和系。利用自交不亲和系配制一代杂种，父母本可都是自交不亲和系，或母本是自交不亲和系，父本是自交系。其制种过程主要包括亲本保持和一代杂种种子生产两部分。

1. 亲本的保持与繁殖

亲本自交不亲和系（或自交系）的繁殖技术与原种生产方法基本一致，主要区别在于自交不亲和系的繁殖需进行蕾期授粉才能获得种子。

(1) 种株的管理　由于一代杂种的亲本都是经过多代自交选育成的，抗逆性一般较差，最好采用半成株法留种，这样有利于减少苗期病害和便于贮藏越冬。为保证亲本种株的纯度，应在苗期、莲座期、包心期根据不亲和系的植物学特征特性严格进行选种，把典型性状纯正的、不带病的优良种株作为繁殖亲本用，淘汰杂株、病株。生长势特强、叶色深、结球特大的特异株一般是杂种，也应予以淘汰。种株的越冬同定型品种种子生产。

结球甘蓝自交不亲和系原种目前多数是在玻璃日光温室或阳畦等保护地条件下繁殖，这样不仅容易与其他甘蓝类的种子田隔离，而且开花较早，授粉用工容易解决。为了便于授粉，种株定植时要留好授粉道，株距为30cm左右，行距30～40cm。圆球类型自交不亲和系始花期较晚，在日光温室内繁殖如温度管理不当，常不能开花结果，近年来逐渐改在阳畦纱罩内繁殖，第一年10月下旬或翌年2月中、下旬将种株定植于阳畦，种株开花前用纱罩将种株罩上，种株开花后切不可使花枝接触纱罩，以免昆虫传粉造成种子混杂。为了保证原种纯度，在抽薹开花期还要根据本株系的开花特性对种株进行一次选择。

(2) 蕾期授粉

① 花蕾选择　蕾期授粉，花蕾过大过小都会结实不良。按开花时间计算，以开花前2～4天的蕾授粉最好，但不同株系间也有一定的差异。如以花蕾在花枝上

的位置计算，以开放花朵以上的第5～20个花蕾授粉结实最好。植株生长势较弱的株系，以第5～15个花蕾结实较好。

② 花粉选择 授粉用的花粉要取当天或前一天开放的花朵中的新鲜花粉。为了避免自交代数过多而产生的生活力过度退化，可取系内各株的混合花粉授粉。

③ 人工授粉 先用镊子或剥蕾器将花蕾顶部剥除，露出柱头，然后取同系的花粉授在花蕾的柱头上，授粉工作要求特别精心细致避免碰伤花柄和柱头。要由专人负责，严防混杂，由一个不亲和系到另一个不亲和系授粉时，手和镊子一定要用酒精消毒，采种的日光温室或纱罩要严防蜜蜂等昆虫飞入，如用套袋隔离法繁殖，必须在花蕾未开放前先在花枝上套上硫酸纸袋，待花枝下部花朵开放后，取同株系纸袋内混合花粉进行蕾期授粉，授粉后要立即套上纸袋，并做标记。

用蕾期授粉的方法繁殖结球甘蓝自交不亲和系原种种子，用工多，成本高，为克服这一缺点，近年来，有的单位试验，在花期喷5%的食盐水可克服自交不亲和性，提高自交结实率。亲本种最好是一年繁殖、多代使用，以防混杂退化。

亲本种子收获同定型品种。

2. 一代杂种种子的配制

配制结球甘蓝一代杂种种子的种株，从播期到选种，贮存和田间管理的几个环节与繁殖原种用的种株都基本相同，但制种时还必须注意以下几个问题。

(1) 制种方式的选择 目前制种方式主要有以下几种：露地大田制种、阳畦制种、薄膜改良阳畦制种、阳畦露地（阳畦道）相间排列制种等。两亲本花期一致的组合，上述采种方式均可使用。如果采种面积较大，以露地大田制种为宜。双亲花期相差较大的组合，在不能露地越冬的地区，采种技术不高的单位最好采用阳畦或改良阳畦制种，以便调节花期。制种面积大，蒲席、薄膜等设备又不足时，可采用阳畦露地（阳畦道）相间排列制种。

(2) 制种田的管理 结球甘蓝自交不亲和系开花以后更易接受外来其他甘蓝类花粉，因此制种田应与花椰菜、球茎甘蓝、芥蓝及其他结球甘蓝品种的采种田空间隔离1500m以上。

如双亲均为自交不亲和系，则父母本可按1∶1的比例隔行定植，双亲生长势差异较大的组合，应采用隔双行定植以利于蜜蜂授粉，一般行距50cm，株距30～40cm。如父本为自交系，则父母本定植行比为1∶3。

(3) 调节双亲花期 配制一代杂种时，如果双亲花期不遇，不仅影响一代杂种种子产量，更严重的会因杂交率不高而影响杂种种子质量，为了解决这个问题，可采取以下几个措施。

① 利用半成株制种或提前开球　花期晚的圆球类亲本，半成株的花期能比成株提早3～5天，相反，开花早的尖球、扁圆类型亲本，其半成株始花期及盛花期均比成株略晚，所以亲本适当晚播，利用半成株采种，不仅有利于种株安全贮存过冬，而且能够促进花期相遇。如果圆球形类型亲本冬前已结球，可在冬前提早切开叶球，使球叶见阳光后变绿越冬，这样也有利于来年春天提早开花。

② 冬前定植种株　华北地区10月下旬至11月上旬将种株定植于阳畦或改良阳畦，不仅可使种株生长旺盛，提高种子产量，而且能使开花晚的类型始花期比第二年春定植的显著提前，但由于生长势强，每棵种株开花时间拉长了，促使其末花期延后，有利于双亲后期花期相遇。

③ 利用风障、阳畦的不同小气候调节花期　风障、阳畦的不同位置，温度光照都不同，因此，冬前把抽薹晚的亲本栽到靠近风障的阳畦北边，使它在温度较高、光照较好的情况下生长发育，可促使它提前开花，而把抽薹开花较快的种株栽到阳畦南侧，使它生长发育受抑制，花期延后。

④ 通过整枝调节花期　如果制种时已出现花期不遇的局面，可用整枝的方法调节花期。整枝的强度要看花期相遇的程度而定，如果差不多，只将开花早的亲本主薹打掉即可。如果相差7～10天，应将开花早的亲本的主薹及一级分枝的顶端花序全部打掉，可延后花期7天左右，同时应重施氮肥，促其二三级分枝发育。还可将开花晚的亲本主薹和一级分枝顶部部分花蕾打掉，促进余下的部分花蕾早开花。当末花期不一致时，也应在花期短的亲本末花期，花开完后及时将花期长的亲本花枝末梢打掉，以促进末花期的相遇及种子的饱满。

(4) 制种田的水肥及其他管理　结球甘蓝一代杂种制种田的水肥管理与常规品种采种基本相同，但有几个方面应注意。

① 去杂去劣　在种株定植前后及抽薹开花期，要对种株再进行一次严格选择，淘汰不符合本株系性状的杂种及病、劣株，以确保一代杂种种子的质量。

② 保证蜂源　为了使两个亲本杂交，需要有蜜蜂等昆虫授粉。实践证明，每亩结球甘蓝一代杂种制种田，最好有一箱蜜蜂授粉，这样不仅可大大提高种子产量，而且可提高一代杂种的杂交率。

③ 搭架防倒伏　种株倒伏，不仅影响昆虫授粉，而且在后期常引起种荚霉烂而影响种子产量和质量，因此，应在种株始花期前用竹竿、树枝等搭架防止种株倒伏。

(5) 一代杂种种子的收获　如果双亲均为自交不亲合系，正反交后代性状一致，一代杂种种子一般可混收。若父本为自交系，则只能收获母本株上的种子。为了提高一代杂种的整齐度也可采用两亲分收的方法。特别是两亲花期不一致的杂交组合，可先收开花早的亲本上的种子，后收开花晚的亲本上的种子。

小　结

大白菜的营养价值

大白菜古时又称菘，有“菜中之王”的美名。在我国北方的冬季，大白菜更是餐桌上必不可少的，故有“冬日白菜美如笋”之说。大白菜具有较高的营养价值和保健作用，故我国自古就有“百菜不如白菜”、“鱼生火肉生痰，白菜豆腐保平安”的说法。

大白菜含水量高（约95%），而热量很低，是减肥者的极好食品。大白菜富含钙质，一杯熟的大白菜汁能够提供几乎与一杯牛奶一样多的钙。大白菜是铁质的一般来源，是钾的良好来源，还是维生素A的极好来源。大白菜含有对人体有益的硅元素，硅元素能够迅速地将对人体有害的铝元素转化成铝硅酸盐而排出体外。

美国纽约激素研究所的科学家发现，中国和日本妇女乳腺癌发病率之所以比西方妇女低得多，是由于她们常吃白菜的缘故。白菜中有一种化合物，它能够帮助分解同乳腺癌相联系的雌激素，其含量约占白菜重量的1%。空气干燥的季节里，白菜中含有丰富的维生素，多吃白菜，可以起到很好的护肤和养颜效果。白菜中的纤维素不但能起到润肠、促进排毒的作用，还能促进人体对动物蛋白质的吸收。

中医认为白菜微寒味甘，有养胃生津、除烦解渴、利尿通便、清热解毒之功效。

白菜类蔬菜均为十字花科植物，是典型的异花授粉蔬菜，虫媒花。其中大白菜和结球甘蓝是典型的2年生蔬菜，具有阶段发育特性，第1年完成营养体的生长，通过春化后，进入生殖生长阶段，第2年在日照条件下抽薹开花。定型品种的种子生产可采用成株采种、半成株采种和小株采种法。白菜类蔬菜杂种优势明显，但由于花器官较小，人工杂交制种在生产中不适用。白菜类蔬菜具有自交不亲和性，生产中可利用自交不亲和系配制 F_1 代杂种。我国利用大白菜的雄性不育两用系和100%不育株率的雄性不育系配制杂交种也取得了良好的效果。

思 考 题

1. 简述大白菜的阶段发育特性和开花授粉习性。
2. 大白菜有哪几种采种方式？各有何优缺点？
3. 试述大白菜成株采种法的技术要点？
4. 简述大白菜春育苗小株采种法的技术要点。
5. 简述利用大白菜雄性不育两用系杂交制种的技术要点。
6. 试比较大白菜和结球甘蓝的阶段发育特性。
7. 简述结球甘蓝的开花授粉习性。

8. 结球甘蓝有哪几种采种方式？各有何优缺点？

9. 试述结球甘蓝秋季成株采种法的技术要点？

10. 什么是自交不亲和系？

11. 简述利用自交不亲和系进行甘蓝杂种制种的技术要点。

12. 如何调整结球甘蓝杂交双亲的花期？

第七章
其他蔬菜种子生产技术

目的要求 了解菜豆、洋葱等蔬菜的开花授粉习性，理解洋葱杂交制种的技术原理，掌握菜豆和洋葱定型品种的种子生产技术。

知识要点 菜豆和洋葱的开花授粉习性；菜豆、洋葱定型品种采种技术；洋葱利用雄性不育系杂交制种技术要点。

技能要点 菜豆种株的去杂去劣；洋葱留种葱头的选择和贮藏；洋葱采种株的植株调整和辅助授粉。

第一节　菜豆种子生产技术

菜豆（*Phaseolus vulgaris* L.），别名豆角、芸豆、四季豆、京豆、玉豆等，豆科菜豆属1年生蔬菜，原产于中美洲和南美洲，16～17世纪传入欧洲和亚洲，我国南北各地均有栽培。在豆类作物中，栽培面积仅次于大豆。菜豆风味鲜美，营养价值高，嫩荚含6%的蛋白质，菜豆蛋白质类似于动物蛋白质，富含赖氨酸和精氨酸，还含有维生素C、胡萝卜素、纤维素和糖等，加之耐贮运，适于脱水速冻，在国内栽培非常普遍。由于栽培历史悠久，各族人民广泛食用，需求量很大。随着生活水平的提高，市场上对菜豆周年均衡供应的要求也越来越强烈，因此，近年来日光温室、大棚菜豆的生产发展很快，是继黄瓜、番茄之后的第三大保护地生产种类。

一、开花授粉习性

1. 分枝和着花习性

菜豆的开花结荚习性与其品种类型有密切关系。矮生菜豆为自封顶，主枝短，每株花序少，花期也短。一般在复叶展开时就开始花芽分化，以后每节都分化花芽，主枝展开4～5个复叶后，顶端形成花序封顶，下部各节均可抽生侧枝。侧枝生长数节后，其生长点也形成花芽封顶。顶端花序有花5～6朵甚至更多，以下的花序花朵数减少。矮生菜豆开花顺序无规则，有的顶部花先开，有的下部花先开，还有主枝和侧枝同时开的，同一花序内开花顺序也不规则。蔓生菜豆的花序为腋生，随着茎蔓的生长花序陆续发生，所以花序总数较多，花期较长。蔓生菜豆生长初期，一般主蔓生长缓慢，从第3～4叶节起开始抽蔓，通常主蔓生长势旺盛，基部的腋芽不易萌发成侧枝。蔓生菜豆展开2片复叶时开始花芽分化，因植株营养生长旺盛，基部几节的花芽常不能充分发育和开花坐荚，到4～5节后才易结荚。侧枝着花的节位较主蔓低，通常在第1～2节就有花序。蔓生菜豆的主蔓和侧枝开花顺序较为规则，一般都是由下而上陆续开放。

2. 花器结构

菜豆为总状花序，每花序有花数朵至10余朵。菜豆的单花为蝶形花，有白、黄、紫和红色。花瓣5枚，其中最大的1枚为旗瓣，两边为翼瓣，下面2枚合二为一的为龙骨瓣。龙骨瓣呈螺旋状卷曲，将雌蕊和雄蕊包在其中。雄蕊10枚，其中9枚联合呈筒状，1枚单生，形成2体雄蕊。雌蕊1枚，柱头似刷状，有茸毛，可粘住花粉。菜豆的蝶形花结构如图7-1所示。

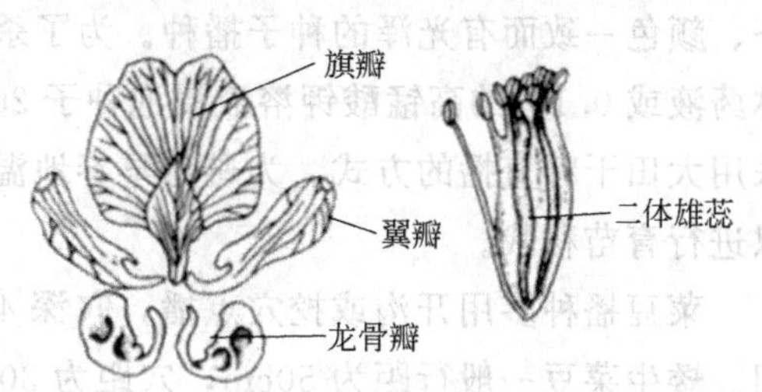

图7-1 菜豆的蝶形花结构

3. 开花授粉结荚

菜豆是严格的自花授粉作物，天然异交率为0.2%～10%。

菜豆的花从凌晨2～3时开始开放，到上午10时左右结束，以早晨5～7时开花数最多。柱头于开花前3天即有受精能力，但以开花前1天受精能力最强，受精能力可保持到开花第2天。花药多在开花前1天开裂散粉，所以开花前已行自花授粉，但开花后柱头仍可接受花粉。菜豆的开花数很多，蔓生菜豆每株能开80～200朵，矮生菜豆也能开30～80朵。花数虽多，但通常只有30%～40%的结荚率。从环境条件来看，菜豆开花结荚的适宜温度为20～25℃，高于30℃或低于15℃花粉发芽率降低，授粉不良。另外，菜豆花粉的耐水性非常弱。因此，花期温度过高过低、雨水较多是菜豆结荚率低，影响种子产量的重要因素。

菜豆每个果荚有5～12粒种子。开花后20～25天种子就有发芽能力，35天种子完全成熟。采收下的果荚经后熟处理，可以提高种子的发芽率。菜豆的种子因品种不同，颜色、花纹、形状、大小各异，千粒重200～400g，使用年限2～3年。

二、定型品种种子生产技术

繁种菜豆和商品生产菜豆的栽培管理技术大体相同，但繁种菜豆是以生产种子为目的，为了保持品种的优良性状，在采种田的隔离、种株的选择方面有些特殊要求。

1. 采种田的栽培管理

(1) 采种田的选择　菜豆属于自花授粉作物，但在自然界存在一定的杂交率。异花授粉率和温度变化及品种有关。在一般情况下，自然杂交率在4%以下。因此，不同品种的繁种应间隔一定距离。原种田应在100m以上，良种田在50m以上，生产种子田也应间隔10～20m，在不同品种间有玉米等高秆作物，可起到隔离的作用。

菜豆留种田应选择土层深厚、地势高、排水通气良好的地块，土质以沙壤土或黏土为好。菜豆不宜连作，需2～3年的间隔期。

（2）整地、播种　采种田应进行秋深耕，春耙地，精细整地和施足基肥，基肥必须充分腐熟，免遭地蛆危害。施肥量每亩至少2000～3000kg，另外再施20kg过磷酸钙。播种应在保证出苗后无霜害的前提下及早进行，使得菜豆在种子成熟时避开雨季，辽宁省可在4月下旬播种。播种前要精选种子，选取粒大、饱满、大小整齐、颜色一致而有光泽的种子播种。为了杀菌，可进行种子消毒，用1%的福尔马林药液或0.1%的高锰酸钾溶液浸泡种子20min后用清水洗净晾干。北方菜豆一般采用大田干籽直播的方式。为避免早春地温低，种子出土慢，造成种子腐烂，也可以进行育苗移栽。

菜豆播种多用开沟或挖穴点播，穴深4～5cm。采种田栽植密度应略小于生产田。矮生菜豆一般行距为50cm，穴距为30cm左右；蔓生菜豆行距60～70cm，穴距25～30cm，为管理方便，可采用大小行栽植。每穴播4～5粒种子，出苗后每穴留3株苗。菜豆出土前最忌土壤板结，因此，在播种前如墒情不够，则应该浇水，使土壤保持湿润，播种后至出土期间不应再浇水。

（3）田间管理　直播菜豆苗出齐浇过齐苗水，育苗菜豆定植后浇过缓苗水后，至菜豆坐荚前，如果不是非常干旱，则一般不浇水，实行中耕蹲苗。当菜豆坐荚以后，植株进入旺盛生长期时，应加强肥水管理，浇水以保持土表不干，并随水追肥1～2次。结荚后期，应控制浇水，促使种子及早成熟。蔓生菜豆在抽蔓前要及时插架，插架前进行一次中耕。

2. 去杂去劣

为保持菜豆品种的优良性状，在菜豆繁种田要不断进行去杂、去劣繁殖原种，除在播种前注意种子选择、淘汰粒形不整、色泽不正、异品种的混杂种子外，在生育过程还要进行3次选择。第1次在苗期进行，育苗者结合定植，根据胚轴颜色淘汰不符合本品种性状的杂株或色泽不正、病弱的植株；第2次在开花期进行，除了拔除病株、畸形株、生长不良株外，在矮生品种内除去蔓生型株和半蔓生型株，特别要根据花的颜色淘汰异品种植株，选留植株生长习性、茎、叶、花的特征都符合本品种特征的植株留种；第3次选择在嫩荚达到商品成熟度时进行，这次选择要根据果荚的形状、颜色等性状选留符合本品种特性的植株，淘汰非本品种植株和其他不良株。采种收获前还可以再根据成熟荚性状和豆粒性状淘汰混杂或变异株及病株。良种田可进行1～2次选择，生产种子田可在开花期进行1次。

3. 种荚的收获和脱粒

菜豆的种子大约在开花后 30 多天成熟。一般在种荚由绿变黄并逐渐干枯时开始采收。最好是成熟一批采收一批。采收过晚，种子易在种荚中发芽、腐烂。矮生菜豆可以在全株约有一半种荚已干枯时一次收获，这样可以减少种子损失，又可以通过后熟保证后期花所结种子也有高的发芽率。最好在晴天的早晨露水未干时进行。收获矮生菜豆可将豆秧连根拔起，将若干株捆成一小把，根向上倒立铺在地上晒 2～3 天，使其后熟风干。蔓生菜豆下部先成熟的豆荚先行采摘，待植株 2/3 以下部位的豆荚变黄时，连秧一起拔起来晒几天再脱粒。蔓生菜豆留种荚部位以中下部为好，这个部位的荚果所处的生长环境适宜，籽粒饱满、种子质量高。后期结的嫩荚应及早摘除，以使营养能集中于种荚。

蔓生菜豆通常每亩可采种 100～200kg，矮生菜豆每亩可采种 50～100kg。脱粒的种子含水量降到 12%以下时即可收藏在干燥、无虫害、无鼠害的地方。

三、菜豆的品种保纯和防止退化

菜豆采种田虽然从播种开始就注意选种和去杂去劣，但长期繁殖下去，仍会发生退化，因此菜豆品种繁殖 4～5 年以后进行一次株系比较选择才能保持品种纯度。其选择方法有以下几种。

(1) 单株选择法　在原种田中选择若干株优良单株，分别脱粒，下一年各株系种子分别播种，比较各株系的重要农艺性状，淘汰不良株系后，用选留株系混合繁殖原种。

(2) 混合选择法　在大面积原种田中选出若干优良单株，混合脱粒留种，第 2 年经过鉴定，符合标准的即可扩大繁殖作原种。

(3) 穴株选择法　对原种田的菜豆进行每穴定株间苗，使穴株数相同，以后以穴为单位进行穴系比较淘汰，用选留穴系繁殖原种。

(4) 荚选法　在原种田随机选取若干优良种荚，选取的荚数要多一些，大体和原种田的穴数相当。下一年每荚播一穴，出苗后再按上述方法定株间苗和以穴系为单位进行比较淘汰，用选留穴系的种子繁殖原种。

以上几种方法，对于矮生菜豆来讲，可以用前两种方法。蔓生菜豆的植株缠绕在一起，分株有困难，可以采用后两种方法，无论用哪种方法，均应 4～5 年进行一次。

第二节　洋葱种子生产技术

洋葱（*Allium cepa* L.）俗称葱头、圆葱，为百合科葱属 2 年生蔬菜。原产于中亚，在欧美大陆早已广为栽培，在我国已有百余年的栽培历史。洋葱营养价值较高，除含有维生素、矿物质、蛋白质和糖类外，还含有油脂性和挥发性的有机含硫化合物，具有辛辣味，能增进食欲，并具有防病杀菌的功效。洋葱适应性强，栽培技术简单，病虫害少，耐贮运，供应期长，除鲜食外，也是出口的主要商品蔬菜。

一、开花授粉习性

1. 阶段发育特性

洋葱为2年生蔬菜，从播种到收葱头（鳞茎），再抽薹开花，采收种子，需跨越2～3年的时间。洋葱整个生长发育周期，从种子播种到鳞茎收获为营养生长时期；鳞茎形成后则进入自然休眠期；从鳞茎花芽分化到种子成熟为生殖生长期。当洋葱鳞茎直径在0.8cm以上，处于2～5℃的低温条件下，经60～70天通过春化阶段，由营养生长转化为生殖生长，生长锥开始花芽分化，然后抽薹开花结实。我国北方地区通常于5月下旬～6月初开始开花，7月末种子成熟。

2. 花序和花器结构

洋葱植株单株抽生花茎3～6个，最多可达20个。花茎高120～150cm，坚实，中空，基部有纺锤状膨大。球状伞形花序（即花苞）着生于花茎顶端，外被革质苞片。花长大时苞片开裂，花蕾散开，由外向内无一定顺序开放，每个花序平均着花600～800朵（图7-2）。单花序开花延续期12～18天，抽生花序较多的单株开花期约30天。其盛花期在初花后3～7天开始，持续时间10天左右。洋葱的小花具较长的花梗，每朵小花有花被6枚，花被白色，中间有绿色维管束。在相对花被的位置各着生1枚雄蕊，共6枚雄蕊，中间长出1枚针状光滑柱头（图7-3）。

图7-2　洋葱的球状伞形花序

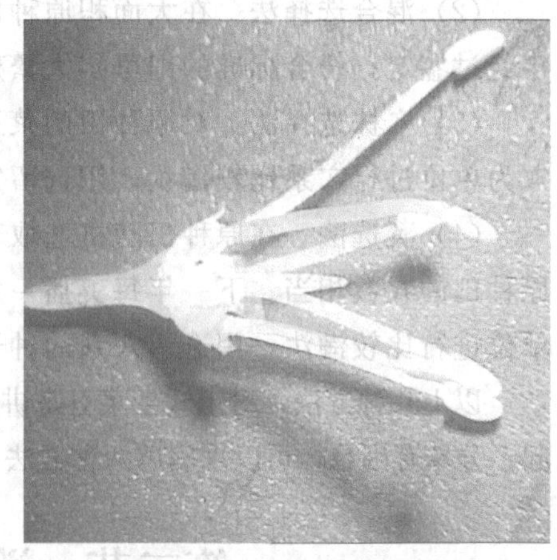

图7-3　洋葱的雄蕊和柱头

3. 授粉和结实习性

洋葱为雄蕊先熟的异花授粉作物，花粉脱落完毕，柱头才有接受花粉的能力。

刚开花时，花柱长约 0.1cm，直到花粉全部散完后才生长到最大长度（0.5cm），有效授粉期长达花后 7 天，但在开花 1～2 天内最佳。花粉寿命短，只有当天花粉有效，花粉在 100%相对湿度下，很快丧失发芽力。雄蕊上午 9～10 时散粉，遇阴天或低温天气，延至下午散粉，开花时遇雨、雾、干热风对授粉不利。洋葱属于异交率偏低的异花授粉型作物，有相当比重的自交率。其虫媒花，蜜蜂、土蜂和各种野蜂、多种蝇类均可为其传粉。子房上位，果实为 3 裂蒴果，3 个心室，每个心室有 2 枚胚珠，每朵小花可产生 6 枚种子。生育后期，植株枯黄，蒴果干枯，种子成熟，从开花到种子成熟需 70 天左右。洋葱种子标准千粒重 3.8～4.2g，千粒重 2.8g 以下为秕籽。

二、定型品种种子生产技术

1. 采种方式

(1) 夏播小鳞茎 3 年采种法　第 1 年 5 月中旬播种，平畦撒播，播种量 5000g/亩，植株长至 4～6 片叶，遇高温长日照休眠，从外观看植株不再长新叶，老叶于 7 月上中旬枯黄，7 月下旬结成直径 1.5～3.0cm 的小鳞茎。7 月末将结成小鳞茎的植株采收后晾晒至叶片枯黄，使养分回缩入鳞茎内。然后对小鳞茎进行筛选后入库贮藏，为防止小鳞茎在贮藏期间通过春化，必须注意贮藏中的温度调节。第 2 年 3 月下旬经筛选后栽植小鳞茎，进行葱头培育。小鳞茎可适当密植，通常畦作，可按行距 12cm、株距 10cm 栽植，7 月中下旬收获葱头，8 月入库贮藏。第 3 年春季对葱头进一步筛选，将符合要求者于 3 月中下旬定植，种株于 5 月抽薹，7 月末～8 月初即可收获种子。此法可经过多次田间和贮藏期选择，品种纯度、耐贮性、抽薹性、抗病性、耐寒性等都能较好的选择，采种量高，种子质量好，可用于良种的提纯复壮，但缺点是占地时间较长，从播种到收获种子需 26～28 个月，种子生产成本高。

(2) 秋育苗 3 年采种法　第 1 年秋季播种，育成大小适当的秋苗，在露地越冬或起出后贮藏越冬。第 2 年春栽进行葱头生产，长成充实饱满的葱头，去杂去劣后贮藏。华北以南地区可于当年 9～11 月定植葱头，东北地区可贮藏至第 3 年 3 月中下旬经筛选后栽植葱头，5 月抽薹，7 月末～8 月初收种。此法采种经过了葱头的多次选择，可用于生产原种，从播种到收获种子需 21～23 个月。

(3) 春育苗 2 年采种法　早春在温室内播种育苗，待外界土壤化冻后定植于露地，当年秋季收获种用葱头，贮藏越冬，第 2 年春定植采种。从播种到收获种子需 16～19 个月。

(4) 半成株 2 年采种法　第 1 年 8 月初以前播种，做成宽 66～100cm 的垄，在垄台上播 1 行，苗距 3.3cm 左右，不要太密。冬前收获 6～8 片叶的大苗，苗龄

7～8片叶以上，茎粗1.0～2.0cm，故称半成株，在冬贮过程中完成春化。华北以南地区可以露地越冬，东北地区可将大苗起出，经选择后贮藏越冬，第2年3月中下旬定植，5月份抽薹，7月末～8月初收种。由于植株未长成葱头就直接抽薹开花结籽，因此，又称娃娃籽。此法采种葱头无选择过程，适合于快速繁殖，有利于降低成本，但连续几代易退化，可用于在优质原种基础上繁殖生产用种，从播种到收获种子需11～13个月。

(5) 种株连续采种法　又称分生鳞茎采种法。利用采种株抽薹结籽后在种株基部形成的几个小鳞茎，收获风干贮藏，下一年作为采种葱头，或露地越冬，继续采种。从上一次采种到下一次采种之间只隔1年，占地时间为4～9个月。利用此法获得的前后2批种子，并不是亲子两代，而只是同一有性世代的2批分期收获的种子，因此，不影响纯度。利用此法1年栽植，2年采种，降低了成本，缩短了采种周期，保证了种子的质量。但应采用高垄栽培，加强田间管理，防止侧生鳞茎腐烂。

2. 秋育苗3年采种法关键技术

(1) 采种葱头的培育

① 播种育苗　我国大部分地区采用秋育苗法采种，幼苗于冬前定植，露地越冬或经贮藏至第2年春季定植。由于洋葱是绿体春化型作物，当幼苗达到一定大小时，处于低温下，很快通过春化，造成先期抽薹，因此适期播种是防止未熟先期抽薹的重要措施。秋播的时期，如辽南地区以8月中下旬为宜，越向南方播种越迟，越向北方播种越早。播种过晚，幼苗太小，越冬时易受冻害。由于洋葱幼苗出土缓慢、根量小，育苗床应选择疏松肥沃、保水力强的土壤。播前整好地，施足底肥，翻耕耙平，作成平畦。种子撒播，播后覆土镇压。一般每亩用种量3.5～5kg，可供移栽10亩左右的制种田。播后2～3天浇一次水，保持土壤湿润。小苗出齐后，要适当控制灌水，每隔5～6天浇一次水。当幼苗长到10cm左右时，开始蹲苗。若基肥充足，苗期不用追肥；若幼苗过于细弱，可追施一次稀粪水或每亩施尿素10kg。苗期除草2～3次，并用敌百虫、乐果等药剂防治葱蝇。幼苗越冬时达到3～4片叶，苗高18～24cm，假茎粗度不超过0.7～0.9cm时，翌年春季可大大降低未熟抽薹率。

② 秋苗的越冬　华北以南地区可在冬前定植，一般在11月中下旬栽苗，缓苗后露地越冬；辽南地区可在11月上旬至中旬间，将幼苗从苗床中掘起，密集假植埋藏在20cm深的浅沟中，翌年3月中下旬取出定植。

③ 定植　定植前耕翻土地，每亩施入腐熟有机混合肥5000kg，增施过磷酸钙40kg和适量钾肥，做成平畦。栽前严格选苗分级，淘汰病苗、矮化苗、徒长苗、细弱苗、分蘖苗、基部弯曲苗；选出的苗按大小分级、分畦栽植，分别管理。定植

行株距（13～16）cm×（10～13）cm，每亩约需定植3万多株。洋葱适于浅栽，最适深度2～3cm，以定植覆土后能埋住茎、浇水后不倒秧为准。

④ 田间管理　秋栽洋葱，从定植到越冬，气温低，应适当控制灌水，以中耕保墒为主。土壤开始结冻时浇足冻水。有时还覆盖马粪、圈肥护根防寒。返青后及时浇返青水，可浇稀粪水。春栽洋葱定植缓苗后浇缓苗水，然后中耕蹲苗。无论秋栽或春栽，由于早春气温较低，浇水要少，水量要小。从缓苗到鳞茎膨大前，浅锄2～3次，以提高地温，促进根系发育。进入发叶盛期，加强浇水并追肥，每亩追施农家肥1000～2000kg或硫铵10～15kg、硫酸钾5～7.5kg。当地上功能叶基本形成，生长减缓，鳞茎明显膨大，约有3cm直径时，及时追肥，每亩施磷酸二铵15～20kg、硫酸钾10kg。在整个鳞茎膨大期应经常浇水，直至葱头收获前7～8天停止灌水。

（2）葱头收获、选择和贮藏

① 采种葱头的收获与选择　北方地区在7月中旬收获葱头，一般当洋葱茎部3片叶开始枯黄，假茎逐渐失水变软，鳞茎停止膨大，并且外层鳞片已成革质状时即可收获。收获过迟或遇雨，易使假茎腐烂和外皮破裂，不耐贮藏。收获时选择晴天。选择采种葱头，是洋葱采种的关键。首先在田间株选，植株旺盛生长期，选择植株株型紧凑、匀称，叶色正常，叶鞘部分细而短，葱头膨大快的植株挂牌。采收时对挂牌植株鳞茎进行第2次选择，选择假茎倒伏时葱头大小适中，不分球，形状端正，色泽纯正，符合本品种的典型特征，且收获时外层鳞片不开裂，无损伤，无病虫害危害，以及假茎中无鳞芽萌发形成侧芽的种株收获贮藏。

② 种株收后处理及贮藏　种株收获后葱头进入自然休眠期。其长短因品种、休眠程度和外界温度不同而异，一般60～70天。可将收获后的种株晾晒4～5天（避免阳光暴晒），待假茎变软时编辫，编好辫后再晾几天，然后码垛贮藏。或将编好辫的葱头，一排排挂在通风冷凉、干燥的空房或凉棚内，避免雨淋和阳光暴晒。在黄河流域、华北平原大部分地区种球经越夏贮藏，完成自然休眠后于9～10月间定植，贮藏过程中也可对葱头进行多次选择，剔除贮藏期间发芽、发病、腐烂的葱头。辽宁地区可将葱头在库内进行越冬贮藏，使葱头进入强制休眠状态，待春季土地化冻后定植。因此为保证正常的休眠，贮藏葱头必须在干燥、通风、阴凉的地方。最好采用架贮，不能堆积太厚。严寒季节关闭门窗，适当保温防寒。贮藏最佳温度为1～6℃，长期冻藏的葱头，春化迟缓；但如果贮藏温度高于10℃，葱头内养分消耗过大。定植前要剔除贮藏中发芽、腐烂、受冻或伤热的葱头。

（3）洋葱采种田的管理

① 采种田的选择　洋葱喜冷凉气候，但北方大部分地区适宜生长的冷凉季节太短，无法满足需要。6月中旬以后高温危害明显，影响授粉，植株长势弱，易早衰，表现为开花后期或种子灌浆期只剩花薹未倒，叶片全部枯黄。花期多雨、遇干

热风或冰雹可导致绝收。灌浆期遇雨或雾天，洋葱紫斑病、霜霉病大发生，花苞上喷药展着不利，防治效果不佳，影响种子生产。因此，洋葱规模采种时，首先注意采种地的降水量，开花期降雨量在150mm以下的地区才适于洋葱采种。采种田应选土壤肥沃、保水力强的黏壤土为宜，同时具备灌溉与排水条件，因为干旱将影响到种子的饱满度、产量和发芽势。采种田周围1000m范围内做好隔离工作，不应再安排其他品种和大葱的采种田，避免相互串花杂交及病虫害传播，保证采种纯度。

② 葱头催芽　春栽葱头栽前15～20天将贮藏温度升到15～18℃，对葱头进行催芽，使葱头刚出绿叶，但不能长成大芽。

③ 种株定植　制种田可于冬前施足底肥，每亩施有机肥4000～5000kg、过磷酸钙25～35kg和适量钾肥。早春土壤化冻后及时清除积雪，及早翻耕、施基肥、旋耕、耙平，按大行距50～60cm、小行距30cm，开8cm左右深的沟，大型葱头株距20cm，小型葱头株距15cm栽植。取大行间土盖在小行上，上覆地膜或利用小拱棚进行短期覆盖，不用灌水。

(4) 抽薹开花、结实期的管理

① 中耕除草　4月中下旬撤除地膜或小拱棚后，进行中耕培土，清除杂草，防止草荒。也可每亩喷施50%的扑草净100g，对水60～100kg，进行化学除草。

② 水肥管理　在种株抽薹前一段时间，应适当控制灌水，进行中耕保墒，防止花薹过分细弱。4月上旬开始灌水追肥一次，每亩追施磷酸二铵15kg。5月上旬、中旬，种株陆续抽出花薹，当花薹基本抽齐时，随水追施一次三元复合肥，15～20kg/亩，促使花蕾分化。在花球形成期和总苞破裂、开始开花时，每亩追施磷酸二铵15kg、硫酸钾10kg，此后要经常浇水，每隔6～7天浇一水，经常保持土壤湿润。开花后结合病虫害防治，后期7～10天喷1次0.3%的磷酸二氢钾溶液，确保种子灌浆期对磷、钾肥的需要，使籽粒饱满，同时防止种株早衰。

③ 植株调整和辅助授粉　由于每个种球可抽出1～20个花薹，但后来抽出的花薹，往往花期正遇雨季，并造成营养分散，故需疏掉，每株仅留3～4个花薹。在开花期进行人工辅助授粉，通常用一块泡沫塑料拍打所有的花序，或戴上手套抚摸花球，也可用一根1m长的竹竿绑上碎布条，扫动花球。辅助授粉应在上午8～9时露水干后进行，每天1次。由于洋葱的花薹较细而花球较重，种株生长后期易发生倒伏，可在田间用竹竿插架，或用绳与竹竿将种株围起来，减少倒伏造成损失。

(5) 种子采收，脱粒贮存　洋葱采种田内不同株间抽薹开花期相差很大，种子成熟期也不一致，因此，洋葱种子必须多次分期采收。通常种株在盛花期后20天左右，花球顶部有少量蒴果变黄开裂，而种子还未散落时，为采收适期。采收时，从花球以下30cm处剪断，但下部蒴果尚未成熟，需进行后熟。花球收后摊开，充分晾晒，要防雨淋。蒴果充分干燥后，反复揉搓和捶打脱粒。脱粒后仍需摊开晾晒，但避免暴晒。脱粒后的种子需进行清选，去掉泥沙和果梗、果皮和秕籽，即可包装登市，半个月内可售完。一般每亩可收种子 50～80kg。

洋葱种子不耐贮，通常不能隔年用，干种子在恒温库内贮存 1 年，在冷冻库内可贮存 2 年，进行余缺调剂。

三、一代杂种的制种技术

洋葱是最早在生产上应用一代杂种的蔬菜，其优势明显，增产效果在 20%～50%。由于洋葱花器小，单果种子粒数少，因此杂交制种必须利用雄性不育系作母本。但目前在国内尚未研制成功。根据国外制种经验，简要介绍洋葱杂交制种技术如下。

1. 亲本的繁育

(1) 雄性不育系的繁殖　利用三年一代采种法，繁殖雄性不育系。将经过严格去杂的不育系种株和保持系种株按（4～8）∶（1～2）或 7∶1 的行比和一般栽植的株行距，于 9 月上旬或第 2 年春季定植于制种田。制种田应安置在周围 1000～2000m 的距离内没有其他品种开花种株的隔离区内，注意在开花初期及时、彻底拔除不育株内的可育株，然后进行自然授粉或人工辅助授粉。这样经过人工授粉后，在不育株上收获的种子就是不育系种子，主要供制种用，少量供下年不育系繁殖用；从保持系株上收获的种子就是保持系的种子。收获时，应分收分打，防止机械混杂。种子晾晒后，干燥后的种子含水量最高不超过 12%，最好在 8%以下，便于贮存和保持发芽率。

(2) 父本自交系（恢复系）的繁殖　父本自交系需经过多代人工控制自交，并在 F_1 代严格选择优良单株，分单株系统种植，用同样办法人工控制自交，经 3～4 代，可获得若干经济性状优良的自交系，并需与不育系经过配合力测验证明有最高配合力的父本，作恢复系。

把父本自交系种球栽到周围 1000～2000m 内没有其他品种开花种株的隔离区内，自然授粉或人工辅助授粉，然后采种。需采用三年一代法或二年一代法繁种。

2. 杂交制种

由于亲本是已经多代选择和纯化的系统，生产一代杂种种子，可采用半成株二年采种法。这种方法采种周期短，生产成本低，但这种方法由于植株不经鳞茎肥大而直接抽薹开花，从而完全缺乏对鳞茎的选择。因此，在保持优良种性方面不如三年一代大株结球采种法。

(1) 提前播种，培育大苗，保证抽薹　适当早播，加强管理，使小苗在越冬前假茎直径在 1cm 以上，是保证抽薹的好办法。北方地区半成株采种法的播期在 7 月底较为合适，基本上可以使 90%以上的幼苗达到 1cm 以上，而低温的时间也在

70天以上。11月上旬将幼苗（去掉1cm以内的小苗），分别假植于露地越冬，接受自然的低温处理。

（2）种株的管理和辅助授粉　第2年3月初，将洋葱雄性不育系（A系）和父本自交系（C系）按4∶1或6∶1的行比定植，周围要保持1000m以上的隔离距离。由于半成株没有肥大的鳞茎，本身营养不充分，花芽少，每亩苗数可提高到18000～20000株。同时与成株采种相比较，应加强中耕和肥水管理，以保证种株顺利抽薹、开花和结实。在开花前要严格去掉杂株、劣株、病株，并及时拔除拔净不育系行内的可育株（一般不育株花丝短，花药皱缩不开裂，药色较浅呈灰褐色，初期呈透明状带绿色，花药无花粉，有的缺雄蕊），田间检查时可用手摸花序，进一步鉴别。在一般情况下进行自然授粉，但为了保证杂交率和种子纯度也可进行人工辅助授粉。要保持雄性不育系和父本自交系的花期一致，将花期不一致的花序去除，也可保证杂交率提高。这样从不育系株上采收的就是一代杂种种子，从父本自交系上收的种子仍为父本种子。

采用半成株采种法繁育一代杂种，不宜连年使用；在有条件时，可采用三年一代或二年一代大株结球法，进行杂交制种，可以提高杂种一代种子产量的质量，从而能提高商品洋葱的产量和品质。

葱属蔬菜种子形态鉴别

种类	种子大小/mm			千粒重/g	每克种子粒数	种子比重/(g/mL)	种子形状及种皮特征
	长度	宽度	厚度				
韭菜	3.10	2.10	1.25	3.45	290	1.240	种子扁平，呈盾形，腹背不明显，脐突出，种面密布细皱纹
韭葱	3.00	2.00	1.35	2.50	400	1.260	三角锥形，背部突出有棱角，腹部呈半圆形，一端突出，背部皱纹粗而多，呈波状，脐凹洼
洋葱	3.00	2.00	1.50	3.50	286	1.169	三角锥形，背部突出有棱角，腹部呈半圆形，脐部凹洼深。背部皱纹较大葱多，且不规则
大葱	3.00	1.85	1.25	2.90	345	1.106	三角锥形，背部突出有棱角，腹部呈半圆形，脐部凹洼浅，背部皱纹少，整齐

小　结

菜豆为蝶形花，花器结构严密，是典型的自花授粉植物，多闭花授粉，天然杂交率很低，生产中多利用定型品种。菜豆定型品种采种田的管理与商品菜生产田大体相同，只是用于繁种应注意隔离和选择提纯。

洋葱是2年生蔬菜，为异花授粉植物，从播种到采收种子需要2～3年的时间。定型品种种子生产方式包括夏播小鳞茎采种法，秋育苗3年采种法，春育苗2年采种法，半成株2年采种法，种株连续采种法。洋葱杂种优势明显，但花器较小，单果种子粒少，杂交制种必须利用雄性不育系作母本。

思 考 题

1. 简述菜豆的开花授粉习性。
2. 简述菜豆定型品种种子生产技术要点。
3. 简述洋葱的开花授粉特性。
4. 洋葱有哪几种授粉方式？各有何优缺点？
5. 简述洋葱秋育苗三年采种法关键技术。
6. 怎样利用洋葱的雄性不育系进行杂交制种？

第八章
蔬菜种子的加工、贮藏和检验

目的要求 了解蔬菜种子加工、贮藏和检验的程序，理解种子加工、贮藏、检验的基本原理，掌握种子加工、贮藏和检验的常用方法。

知识要点 种子加工的内容；蔬菜种子的寿命和使用年限；蔬菜种子的贮藏方法；蔬菜种子田间检验和室内检验的基本方法。

技能要点 利用机械对种子进行清选；会管理种子贮藏库；能正确进行田间取样并填写田间检验报告单；能完成种子净度、发芽力、水分和千粒重的检验。

第一节 蔬菜种子的加工、贮藏

一、蔬菜种子的加工

蔬菜种子的加工包括种子上市销售前的清选、种子处理和包装等技术环节。

1. 种子的清选

种子清选的目的是为了清除各种杂质以及秕籽、破损籽粒等劣质种子，经过清选分级的种子，净度提高，利于安全贮藏，籽粒饱满，发芽率高，出苗整齐，长势良好，成熟期一致，同时还有利于优质优价，提高经济效益和种子标准化。清选时应根据不同种类蔬菜种子的表面特征和物理特性选用合适的机具。如风选机和比重清选机是利用种子与夹杂物比重的差异进行清选；振动筛选机、窝眼滚筒清选机是根据种子与夹杂物大小和形状的差异进行清选；丝绒滚筒清选机、磁力清选机、光电清选机和静电清选机是利用种皮表面结构、颜色、电学特性等物理性状的差异进行分选。通常使用较多的是风选和筛选两种方法。

2. 种子处理

种子包装前进行一定的脱毛、包衣、丸粒化等处理，目的是杀死种子上附着的病原物，提高抗逆性和提高播种质量。脱毛是指对伞形花科蔬菜的果实型种子去除其表面刺毛或果皮的处理方法。脱毛后的种子便于保存、包衣和播种。种子包衣是利用杀菌剂、颜料和黏着剂等混合物包裹在种子表面，使每粒种子大小一致，不但起到消毒作用而且利于精量播种。这项技术在发达国家已相当盛行，如日本、美国等大的种子公司出售的种子多为包衣种子。种子丸粒化是将小粒种子或形状不规则的种子通过制丸机具将制丸材料（黏合剂、崩解剂、填充剂、防腐剂、着色剂）包敷在种子表面，使其成为具有一定规格、一定强度、形状上没有明显差异的类似球形的单粒种子。蔬菜种子丸粒化后，有利于机械化播种，同时由于在丸粒化过程中加入了药剂及生长调节剂，使种子发芽率高，出苗整齐，幼苗生长健壮。随着农业机械化程度的不断提高，蔬菜种子丸粒化技术的应用将会更加广泛。

3. 种子包装

种子包装是种子生产的继续，是种子流通的重要条件。良好的种子包装不仅能够保护种子，避免和减少种子在流通过程中的损坏、散落和变质，防止品种混杂和感染病虫害，而且还便于种子的安全贮藏和运输，保持种子旺盛活力。种子包装分为运输包装和销售包装，运输包装又称外包装或大包装，主要为了方便运输中的搬运、装卸和贮存。一般运输包装材料是标准麻袋和纸箱。销售包装又称内包装或小包装。它主要是便于种子陈列展销，增强种子对用户的吸引力，便于用户识别、选购、携带和使用。目前国内蔬菜种子的包装材料主要有铝箔、镀箔袋、铜版纸覆膜袋、聚乙烯袋以及马口铁筒、塑料筒等，规格多种多样。无论包装怎样变化，它必须符合国家质量标准局的规定，即包装袋上要有中文标识、注册商标、产品的质量标准、净含量、生产日期、保质期、栽培要点及适宜种植的地区、生产厂家和销售商等，最好有醒目的名副其实的照片。

二、种子寿命和使用年限

种子的寿命又称发芽年限，指种子保持发芽能力的年数。种子寿命和种子在生产上的使用年限不同，生产上通常以能保持 60%～80%以上的发芽率的最长贮藏年限作为种子的使用年限。正常情况下，寿命较长的种子的使用年限也较长。蔬菜种类不同，种子寿命长短不同。根据蔬菜种子寿命的长短，可将蔬菜种子分为长寿种子（如茄子、西瓜、番茄等种子）、中寿种子（如黄瓜、白菜、莱豆等的种子）和短命种子（如葱蒜类蔬菜种子）等三类。一般贮藏条件下，种子的寿命不过 1～6 年，使用年限只有 1～3 年。种子的质量和贮藏环境的温湿度、氧气含量等对种子的使用年限影响较大，种子在潮湿环境贮藏，种皮会大量吸收空气中的湿气，引起种子呼吸，发热生霉，使生活力丧失。潮湿加上高温，则种子吸水量更多，生活力丧失更快。所以使贮藏环境空气干燥，对保持种子的生活力最为重要。真空贮藏可延长种子使用年限，如葱蒜类种子用真空罐贮藏，使用年限可长达 10 年。主要蔬菜种子的寿命和使用年限见表 8-1。

三、蔬菜种子的贮藏

种子贮藏方法多种多样，应根据种子量的大小、种子价值的高低、种子的种类

表 8-1　主要蔬菜的种子寿命与使用年限　　单位：年

蔬　菜	寿　命	使用年限	蔬　菜	寿　命	使用年限
大白菜	4～5	1～2	芜菁	3～4	1～2
甘蓝	5	1～2	根用芥菜	4	1～2
球茎甘蓝	5	1～2	菠菜	5～6	1～2
花椰菜	5	1～2	芹菜	6	2～3
芥菜	4～5	2	胡萝卜	5～6	2～3
萝卜	5	1～2	莴苣	5	2～3
洋葱	2	1	瓠瓜	2	1～2
韭菜	2	1	丝瓜	5	2～3
大葱	1～2	1	西瓜	5	2～3
番茄	4	2～3	甜瓜	5	2～3
辣椒	4	2～3	菜豆	3	1～2
茄子	5	2～3	豇豆	5	1～2
黄瓜	5	2～3	豌豆	3	1～2
南瓜	4～5	2～3	蚕豆	3	2
冬瓜	4	1～2	扁豆	2	2

以及贮藏库所处的气候条件等，选用适当的贮藏方法。

1. 普通贮藏法

所谓普通贮藏法就是将充分干燥的种子用麻袋、布袋、无毒塑料编织袋等容器盛装，置于贮藏库内，种子未进行密封，其温度、含水量随贮藏库内的温、湿度变化而变化。这种库房内装有通风用的门窗及排风换气设备，有时也存放一些简易干燥剂如石灰等，可适当降低湿度。这种贮藏方法简便、经济，是目前大部分种子公司贮藏种子的方法，尤其适于我国华北、东北及西北比较干燥凉爽的地区贮藏大批量种子。其具体贮藏技术如下。

(1) 入库前准备　种子在入库前必须对库房进行全面的检查和维修，清除异品种种子等杂质与垃圾，修补墙面屋顶。种子进仓前还应进行库房消毒。消毒施药后应密闭贮藏库 74h 左右，然后通风 24h，种子才可入库。种子入库前要进行清选干燥，干燥处理的种子还要自然冷却后，待种子温度降到正常气温时，方可入库。

(2) 种子堆放　种子堆装分为散装和包装两种形式，应根据各季节种子收购计划，合理安排堆放。根据作物品种、容重、仓库条件以及季节气候等因素来确定堆放的方式、高度，以合理利用仓容，并做到安全保管。种子入库时，应按不同品种、不同来源、不同净度、不同纯度等，顺序入库，分类堆放。堆放的不可太高太大，并且垛堆之间要有一定间距，一般为 50～70cm，垛堆应距离墙壁 50～60cm。

堆放的原则是既要合理利用空间，又要便于通风散热和倒垛。

(3) 登账立卡　种子入库后应立即设立种子保管账，分别按种子的品种、质量、数量、购进单位等项目填写清楚，并注明种子的仓号、货位号等。种子入库出库都要记账，详细反映库存种子进出结存情况，做到账、卡、物相符。种子入库后还要建立保管卡片。卡片上要标明保管员姓名、货位号码、品种名称、数量等级、纯度、发芽率、产地、虫害、入库年月日等情况。种子入库结束后，必须按仓号、货位、堆垛、品种等级综合复验质量，并将检验结果与账卡核对。

(4) 种子贮藏期的管理　种子必须合理存放，精心管理，要求做到"分区分类、立标牌、三清、四对口"。分区分类：根据种子品种规划摆放的固定区域；立标牌：定位的各种种子根据卡片建立标牌，标明作物名称、品种、等级、数量、入库时间；三清：数量清、品种清、质量清；四对口：账目、卡片、实物、金额相符。

种子入库后，必须严格遵守种子贮藏库的各项管理制度，做好防潮隔湿、合理通风、低湿密闭及温度、水分、发芽率、仓库害虫等各项检查工作。

大批量种子在贮藏时，最常见的现象是"发热"。发热的原因主要有以下几种：种子堆放不合理，堆内外、上下层温差大，水分转移，引起种子发热；仓库通风条件差，种子堆内热量不能及时散发出去，导致发热；种子入库时湿度大或种温高，加快种子在库内的代谢速度，导致积累热量和水分，进一步恶性循环，引起发热。应针对发热的原因采取不同措施，最常用的方法是通风。通风时间应在上午 9～10 时或下午 6～7 时。中午不要通风，后半夜不要通风。归纳起来应做到"晴能雨闭雪不能，滴水成冰可以能，早开晚开午时少开，夜间有雾不能开。"

种子贮藏期间还要定期盘点检查，包括检查种子的数量与账卡是否相符，检查种子温度、含水量、发芽率及虫鼠害等情况，发现问题及时解决。

2. 低温除湿贮藏法

这种方法是指在大型的种子贮藏库中，采用机械制冷及排湿机等设施，使仓内的温度控制在 15℃以下，相对湿度控制在 55%以下的种子贮藏方法。由于这种贮藏库能控制一定的温湿度，所以又称恒温恒湿种子贮藏库。这种方法对库房要求较高，需要制冷设备，制冷时耗费大量电能，贮藏成本较高，适用于一些高价值的种子、原种及种质资源的贮藏。

3. 密闭贮藏法

把种子干燥到符合密封贮藏要求的含水量标准以下，再用各种不同的容器或不透气的无毒包装材料密封起来进行贮藏的方法。密封贮藏种子时，必须在较低温度下进行，否则会使种子容器内的种子代谢加快，产生水分，进一步加剧代谢速度，导致缺氧呼吸、产生有毒物质，引起种胚死亡。密封贮藏的种子含水量必须达到一定的标准。密闭贮藏是通过控制氧气供应，抑制种子自身代谢及微生物活动，切断外界湿度对种子含水量的影响，而达到延长种子寿命的目的。这种方法简便、贮藏效果好，适用于种质资源长期贮藏和小量的原原种、原种或蔬菜种子结合包装进行贮藏。

第二节　蔬菜种子的检验

种子检验是指用科学、先进和标准的方法对种子样品的质量进行正确的分析测定，判断其质量的优劣，评定其种用价值的一门科学技术。蔬菜种子检验其目的是要了解蔬菜种子的种用价值和控制种子质量，这在种子的生产、收购及经营活动中，已成为必不可少的重要环节。

种子质量是否符合国家规定的标准，必须通过种子质量检验才能得出结论。种子是蔬菜生产最基本的生产资料，种子品质的优劣直接影响蔬菜的产量和品质。蔬菜种子品质包括品种品质和播种品质。

品种品质是指与蔬菜遗传特性有关的品质，在种子检验工作中，用品种真实性和纯度来表示，可用“真”和“纯”两个字概括。如种子容器标签上标明西瓜种子是华冠6号，经栽培表明不是，这就是不真；若种子容器上标明的纯度是98.0%，经栽培，其植株叶形、色泽、产品器官的成熟期、品质等很不一致，这就是不纯，为害小则不能获得丰收，为害大则没有收成，给农民造成严重的经济损失。

播种品质是指蔬菜种子播种后与发芽出苗有关的特性，如种子清洁的程度，可用种子净度来表示；种子发芽出苗的整齐度、幼苗强壮的程度可用发芽率、生活力、活力来表示；种子充实饱满的程度可用千粒重来表示；种子健全完善的程度可用病虫感染率表示；种子的干燥贮存程度可用种子水分百分率表示；种子强健、抗逆性强、增产潜力大通常用种子活力表示。故种子的播种品质可概括为净、壮、饱、健、干、强六个字。

种子检验是达到种子质量标准化的重要手段。为了使种子质量检验有高度的准确性和重演性，在国内种子交换中不同省市和地区都应以中华人民共和国国家标准《农作物种子检验规程》为准则，在国际种子贸易和交换中应以《国际种子检验规程》为准则。各地都应在统一的检验规程下进行检验，使同一份种子样品即使在不同地区检验亦可获得一致的结论。严格执行检验规程，可以避免检验上的误差，减少对种子品质的错判，杜绝以次充好，给蔬菜生产带来不必要的损失。

种子检验分为田间检验和室内检验两部分。田间检验是在作物生长期间，到良种繁殖田内进行取样检验。检验项目以纯度为主，其次为异作物、杂草、病虫害及生育情况等。通过田间检验，如符合标准应发给田间检验合格证。室内检验是种子收获脱粒后到晒场、收购现场或仓库进行扦样检验。检验项目如符合标准，应发给室内检验合格证。田间检验及室内检验两者都合格再发给签证。

一、蔬菜种子的田间检验

蔬菜作物种类繁多，且同种蔬菜又有大量的品种。有的种子形状、颜色相似，给种子品种纯度检验工作带来一定的困难，而田间检验，对生长期间的蔬菜植株来说，可从根、茎、叶、花、果实、种子以及株型等典型性状加以鉴别，这样就比较容易进行。所以，对蔬菜种子品种纯度和性状优劣的检验，特别要重视田间检验，应以田间检验为主。田间检验应在植株的品种典型性状表现最明显时期进行，一般1年生蔬菜可分为幼苗期、花期、果实成熟期等三个阶段进行；2年生蔬菜可分为幼苗期、食用部分发育初期、食用部分成熟期、抽薹期和开花期等几个阶段进行。绝大部分作物成熟期是田间检验的关键时期，这些食用器官的形状、大小、色泽及其他特征特性是鉴别的主要性状。田间检验具体方法步骤如下。

1. 了解情况

田间检验前，检验人员首先必须掌握被检品种的特征特性，同时了解种子来源、世代、上代纯度、种植面积、隔离条件等。

2. 检查隔离情况

检验员应围绕种子田绕行一周，检查隔离情况。对异花和常异花授粉作物，制种田首先按主要蔬菜作物隔离距离要求检查隔离条件，如果达不到要求，检验员必须建议部分或全部消灭污染源或淘汰达不到隔离条件的种子田，以使种子田达到合适的隔离距离。若隔离条件不符合要求，即为不合格，不再进行检验。

3. 划区设点

将繁育田中同一品种、同一来源、同一繁殖世代、同一栽培条件的相连田块，划为一个检验区。一个检验区的面积越大、对杂株率的要求标准越高，样本的总数量越多，取样点数也就越多。样本总数与杂株率要求标准的关系是：如果规定的杂株率标准为 $1/N$，总样本大小至少应为 $4N$，如杂株率标准为 0.1%（即 1/1000），则总样本大小至少为 4000 株。取样点数随种子田面积变化的关系见表 8-2。每点观察株数不少于 100 株。

此外，对于要求标准较高的种子田如原种生产田、亲本繁殖田，取样点数要增加。原种繁殖田和亲本繁殖田，观察株数加倍。

4. 取样方式

取样点数决定后，应将取样点均匀设置在各田块上，各取样点须间隔一定距离。取样点的分布方式与田块形状、大小有关，一般来说，有下面几种方式（图 8-1）。

表 8-2 种子田最低取样点数

面积/1000m²	生产常规种	生产杂交种	
		母　本	父　本
少于 2	5	5	3
3	7	7	4
4	10	10	5
5	12	12	6
6	14	14	7
7	16	16	8
8	18	18	9
9～10	20	20	10
大于 10	在 20 基础上，每 1000m² 递增 2	在 20 基础上，每 1000m² 递增 2	在 10 基础上，每 1000m² 递增 1

注：摘自农业部全国农作物种子质量监督检验测试中心. 农作物种子检验员考核学习读本. 北京：中国工商出版社，2006。

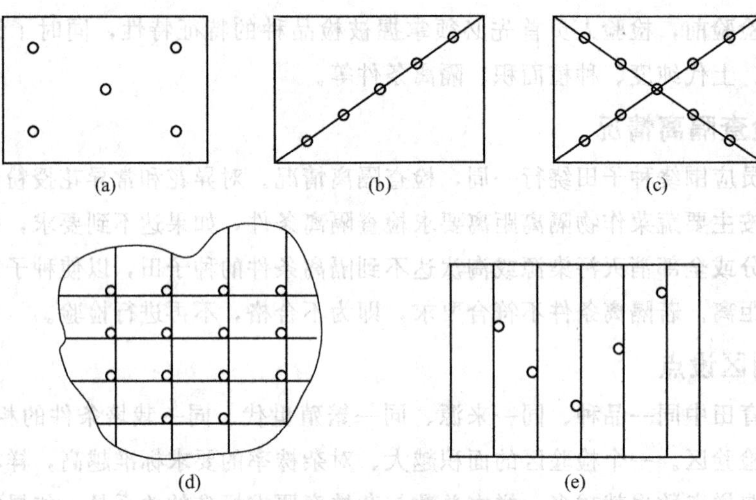

图 8-1 田间检验取样方式

(a) 梅花形；(b) 单对角线形；(c) 双对角线形；(d) 棋盘式；(e) 大垄取样

（1）梅花形　取样点设在田块四角及中心共 5 点，呈梅花形［图 8-1(a)］。适用于面积较小的方形或长方形田块。

（2）对角线式　取样点设在一条或两条对角线上，各点之间保持一定距离［图 8-1(b)、(c)］。适用于面积较大的方形或长方形田块。

（3）棋盘式　纵横每隔一定的距离设置取样点，在田块上呈棋盘式分布［图 8-1(d)］。适用于地形不规则的田块。

（4）大垄取样法　一般大株作物多为垄栽（畦栽），取样时可先数好田块的总畦数，然后按比例每间隔一定的畦任选一点，但各取样点应错开不要在一直线上

[图 8-1(e)]。

设点时，田块边缘的点应距田边 1.5～2m；原种繁殖田和亲本繁殖田的取样点要加倍。

5. 统计、鉴定、计算

设点取样后，根据品种的主要特征特性进行逐点逐株分析鉴定，将本品种、异品种、异作物、杂草和病虫感染株数分别记载，然后计算各项百分率。

$$品种纯度=\frac{本品种株数}{供检本作物总株数}\times100\%$$

$$异作物率=\frac{异作物株数}{供检本作物总株数+异作物株数}\times100\%$$

$$异品种率=\frac{异品种株数}{供检本作物总株数}\times100\%$$

$$杂草=\frac{杂草株数}{供检本作物株数+杂草株数}\times100\%$$

$$父(母)本杂株率=\frac{父(母)本散粉杂株数}{供检父(母)本株数}\times100\%$$

$$病虫感染=\frac{病虫感染株数}{供检本作物总株数}\times100\%$$

杂交制种时，要计算父本、母本散粉杂株率及母本散粉株率。

$$母本散粉株率=\frac{母本散粉株数}{供检母本总株数}\times100\%$$

在检验点之外，有零星发现的检疫性杂草、病害感染体，要单独记录。

6. 填写田间检验报告单

分析鉴定结果后，将各个检验点的各项目求出平均结果，填写在田间检验结果单上（表 8-3、表 8-4）。并按分级标准，对该检验田提出建议和意见。

表 8-3　农作物常规种田间检验结果单　　　字第　　　号

繁种单位				
作物名称			品种名称	
繁种面积			隔离情况	
取样点数			取样总株(穗)数	
田间检验结果	品种纯度/%		杂草/%	
	异品种/%		病虫感染/%	
	异作物/%			
田间检验结果建议或意见				

检验单位（盖章）：　　检验员：　　检验日期：　　年　月　日

表 8-4　农作物杂交种田间检验结果单　　　字第　　　号

繁种单位			
作物名称		品种(组合)名称	
繁种面积		隔离情况	
取样点数		取样总株(穗)数	
田间检验结果	父本杂株率/%	母本杂株率/%	
	母本散粉株率/%	异作物/%	
	杂草/%	病虫感染/%	
田间检验结果建议或意见			

检验单位（盖章）：　　　检验员：　　　检验日期：　　　年　月　日

在进行田间品种纯度检验前，先要了解被鉴定品种的形态特征、特性，才能正确识别品种的各种性状差异，区别出本品种和异品种。鉴定品种的形态特征，因蔬菜种类不同，其注重点也不同。一般从植物学性状（包括植株、茎、叶、花、果实）及生物学性状（包括物候期、栽培方式、熟性、产量、品质、抗逆性等）两方面来加以区分。

二、蔬菜种子的室内检验

蔬菜种子室内一般分为扦样、测定和签证三个步骤。

1. 扦样

扦样是指从大量种子中扦取适当数量的代表性样品，供测定检验用。扦样一般在种子仓库内、种子进出库时、晒场、收购处进行。扦样的基本原则是要扦取能代表全批品质的代表性样品。因此，对第一批种子进行扦样时，首先要求一批内，各件间或各部分间的种子类型和品质基本上均匀一致，如果发现一批种子类型和品质不能符合均匀一致的要求时，就不可能扦取代表全批品质的样品，所以应按要求，经过适当的选剔，分成几批或整理加工后才能扦样。扦样应全面均匀，各扦样点所扦取的样品数量要基本一致，不可或多或少，以便获得具有充分代表性的样品。

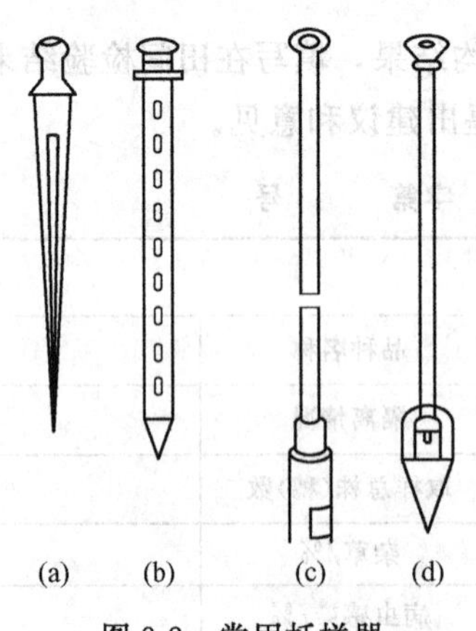

图 8-2　常用扦样器
(a) 单管扦样器；(b) 双管扦样器；
(c) 长柄短筒圆锥形扦样器；
(d) 圆锥形扦样器

扦样前必须了解种子的品种名称、来源、产地，在种子管理期间，是否经过翻晒、熏蒸等基本情况，并观察整批种子的品质概况，供分批时参考。当批量大时，要划分成几个检验单位，分别扦取平均样品。由农户生产繁育的种子，入库时必须每户扦取一个平均样品。具体步骤如下。

(1) 扦取小样　种子批和检验单位划分后，根据一批或一个检验单位的种子数量，首先决定应扦取样品的数量；再按种子的存放情况，决定扦样的部分和每部分扦样点数，最后用扦样器（图 8-2）从各个部位点扦取小样。袋装种子计算扦取袋数方法见表 8-5，在收购、调运时扦样可每隔一定袋数设置扦样点，在仓贮堆垛情况下，扦样点应均匀分布于堆垛的上、中、下各个部分。另外，当种子装在小容器中，如金属罐、铝箔袋或零售包装时，则以 100kg 的质量作为扦样的基本单位，小容器合并组成的质量不得超过此质量（100kg），例如 20 个 5kg 的容器，33 个 3kg 的容器，或 100 个 1kg 的容器。为了便于扦样，将每个“单位”作为一个容器，再按上述规定扦样。散装种子可按照表规定进行设点，一般扦样点要均匀分布在散装种子批表面，四角各点要距仓壁 50cm。

表 8-5　袋装种子和散装种子的扦样点数

袋装种子扦样袋数		散装种子扦样点数	
种子批袋数(容器数)	扦取的最低袋数(容器数)	种子批大小/kg	扦样点数
1～5	每袋都要扦取，至少扦取 5 个小样	50 以下	不少于 3 点
6～14	不少于 5 袋	51～1500	不少于 5 点
15～30	每 3 袋至少扦取 1 袋	1501～3000	每 300kg 至少扦取 1 点
31～49	不少于 10 袋	3001～5000	不少于 10 点
50～400	每 5 袋至少扦取 1 袋	5001～20000	每 500kg 至少扦取 1 点
401～560	不少于 80 袋	20001～28000	不少于 40 点
561 以上	每 7 袋至少扦取 1 袋	28001～40000	每 700kg 至少扦取 1 点

(2) 混合样品的配制　在各点扦取若干小样时，要注意观察每次扦取小样在纯度、净度、颜色、气味和水分等方面有无明显差异。如无差异，就可将一个检验单位的全部小样均匀混合在一起，便组成了原始样品；如发现小样间的品质有差异，则应作为不同的检验单位处理，即分别将无差异的若干小样混合组成不同的混合样品。

(3) 送验样品的配制　各种作物送验样品的规定量是不同的，并且往往小于混合样品，这就要求从混合样品中分取规定数量的送验样品。当原始样品较少而与规定的平均样品数量相符时，就可把此混合样品作为送验样品。主要蔬菜种子批的最大质量和样品最小质量见表 8-6。

分取送验样品有分样器法和分样板法。分样器有钟鼎式和横格式分样器（图 8-3），前者适用于中小粒种子，后者对大小不同的种子均适用。分样板法也称四分法。无论采用哪种分样方法，目的是既分样均匀有代表性，又达到规定的数量。每个混合样品分取两份送验样品，一份供净度分析（包括纯度、发芽率、活力、千粒重等）用，可装入布袋或纸袋内；另一份供水分、病虫害测定和保留样品用，其重

表 8-6　主要蔬菜种子批的最大质量和样品最小质量

种名(变种名)	种子批的最大质量/kg	样品最小质量/g		
		送验样品	净度分析试样	其他植物种子计数试样
洋葱	10000	80	8	80
葱	10000	50	5	50
韭菜	10000	100	10	100
芹菜	10000	25	1	10
冬瓜	10000	200	100	200
结球甘蓝	10000	100	10	100
花椰菜	10000	100	10	100
青花菜	10000	100	10	100
结球白菜	10000	100	4	40
辣椒	10000	150	15	150
甜椒	10000	150	15	150
芫荽	10000	400	40	400
西瓜	20000	1000	250	1000
甜瓜	10000	150	70	150
黄瓜	10000	150	70	150
笋瓜	20000	1000	700	1000
南瓜	10000	350	180	350
西葫芦	20000	1000	700	1000
胡萝卜	10000	30	3	30
瓠瓜	20000	1000	500	1000
普通丝瓜	20000	1000	250	1000
番茄	10000	15	7	15
苦瓜	20000	1000	450	1000
菜豆	25000	1000	700	1000
豌豆	25000	1000	900	1000
萝卜	10000	300	30	300
茄子	10000	150	15	150
菠菜	10000	250	25	250
蚕豆	25000	1000	1000	1000
长豇豆	20000	1000	400	1000
矮豇豆	20000	1000	400	1000

(a)　(b)

图 8-3　常见分样器

(a) 钟鼎式分样器；(b) 横格式分样器

量可比净度检验少一半，该份样品应密封包装，并且置于防湿的容器内，容器上应贴好标签。送验样品连同扦样单在 24h 内送验。

2. 测定的项目和内容

(1) 净度分析　种子净度是指种子的洁净程度，是指供检样品中除去杂质和其他植物种子后，剩下的净种子质量占样品总质量的百分率。种子净度分析首先将送验样品称重，如有重型混杂物拣出并从中分出其他植物种子和杂质，分别称重、记录，以便最后换算时应用；然后分取规定质量的试样（或半试样两份）并称重，再对试样（或半试样两份）进行鉴定和分离，分出净种子、杂质和其他植物种子并分别称重记录；将三种成分之和与原试样（或半试样两份）比较重量增失是否超过 5%，不超过则计算各成分百分率。

$$种子净度(\%)=\frac{净种子质量}{净种子质量+杂质质量+其他植物种子质量}\times100\%$$

$$杂质含量(\%)=\frac{杂质质量}{净种子质量+杂质质量+其他植物种子质量}\times100\%$$

$$其他植物种子含量(\%)=\frac{其他植物种子质量}{净种子质量+杂质质量+其他植物种子质量}\times100\%$$

两次重复的数据要符合国家标准规定的允许差距，超过允许差距就要重新进行检验，在允许范围内则计算其平均值并报告结果。

（2）种子发芽试验　种子发芽是指种子在实验室内发芽、出苗，并生长达到适当发育阶段，显现出其幼苗主要构造的特征，表明在田间适宜条件下能进一步发育生长成良好正常植株的状态，用发芽势和发芽率表示。种子发芽势是指种子发芽试验初期（规定日期内）正常发芽种子数占供试验种子数的百分率。种子发芽势高，则种子活力强、发芽整齐、出苗一致、增产潜力大。种子发芽率是指在发芽试验初期（规定日期内）全部正常发芽种子数占供试验种子数的百分率。

① 标准发芽试验　标准发芽试验流程如图 8-4 所示。

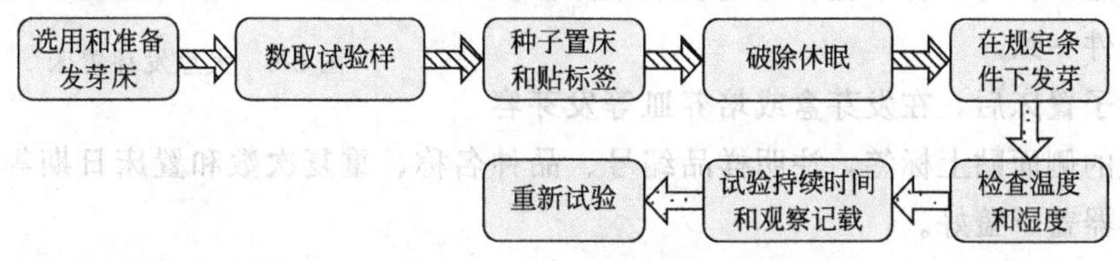

图 8-4　标准发芽试验流程

在 GB/T 3543.4—1995 中，规定了各种农作物种子发芽的技术要求。在进行发芽试验前，必须认真查明该种的发芽技术规定。为了做好发芽试验，将发芽程序及其主要内容介绍如下。

a. 选用和准备发芽床　GB/T 3543.4—1995 农作物种子检验规程发芽试验表 1 中，每一种作物通常列出 2～3 种发芽床。中小粒种子可采用纸上发芽，中粒种子也可采用纸间（纸卷）发芽床，大粒种子或对水分敏感的小、中粒种子宜用砂床（图 8-5）发芽。

发芽床初次加水量应根据发芽床的性质和大小而决定。砂床加水量应是其饱和

图 8-5　砂床

含水量的 60%～80%，也就是在 100g 干砂中加水 18～26mL 充分搅拌均匀。水分标准是，手捏成团，放开手即散开，不能出现手指一压就出现水层。特别要注意，不能将干砂先放入培养皿中，然后加水搅拌，这种拌砂方法，往往会造成砂中水分多孔隙少，氧气不足，影响正常发芽。用纸床时，纸床吸足水分后，沥去多余水。

b. 数取试验样品　试验样品必须从净度分析后充分混合的净种子中，用数种设备或手工随机数取 400 粒种子。一般小、中粒种子（如萝卜、结球白菜等）以 100 粒为一个重复，试验为 4 个重复；对于大粒、特大粒的种子（如大豆等）或带有病菌的种子，如果发芽容器较小，也可以 50 粒或 25 粒为一个副重复，试验为 8 个副重复；对于特别大粒的种子（如菜豆等）可 25 粒为一个重复。中小粒复胚种子单位可视为单粒种子进行试验，不需弄破（分开），但芫荽例外。

c. 种子置床和贴标签　准备好发芽床后，即可采用适宜的置床方式（图 8-6）将种子试样排放在湿润的发芽床上。置床时要求将种子试样均匀地分布在发芽床上，种子之间留有种子直径 1～5 倍的间距，以保持幼苗有足够的生长空间，减少幼苗的相互影响，并防止病菌的相互感染。每粒种子应良好地接触水分，使发芽条件一致。

图 8-6　大豆发芽置床

种子置床后，在发芽盒或培养皿等发芽容器底盘的侧面贴上标签，注明样品编号、品种名称、重复次数和置床日期等内容，并将容器盖子盖好。

d. 破除休眠　在 GB/T 3543.4—1995 表 1 中第 7 栏“附加说明”中已列入许多农作物种子破除休眠的具体处理方法，许多作物种类种子都存在休眠现象，直接置床发芽，通常不能良好、整齐、快速发芽。因此，在移置到规定的发芽条件下培养前要破除种子休眠。处理方式按置床时间可分为三类：一是种子置床前先进行破除休眠处理，如去壳、加温、机械破皮、预先洗涤、硝酸钾浸渍等处理，然后置床发芽；二是种子置床后进行破除休眠处理，如预先冷冻处理，先将种子置入湿润的发芽床，然后放入规定条件进行预先冷冻处理一定时间，再移到规定的发芽条件下发芽；三是湿润发芽床处理，如使用硝酸钾、赤霉素酸处理时，可使用 0.2%硝酸钾溶液或 0.05%～0.10%赤霉素酸溶液湿润发芽床。

e. 在规定条件下发芽　按 GB/T 3543.4—1995 表 1 中规定的发芽温度和附加

说明中的光照条件进行发芽培养（图 8-7）。首先选择表中列入的温度，虽然这几种温度都有效，但通常情况下，新收获的处于休眠状态的种子和陈种子，以选用其中的变温或较低恒温发芽为好。确定好规定的温度后，发芽种子所处的位置温度与规定温度的容许差距应不超过±1℃。

图 8-7　培养幼苗

一般来说，新收获的有休眠的需光型种子如茼蒿种子发芽时，一定有光照才能促进发芽。除厌光型种子在发芽初期应放置黑暗条件下培养外，对于大多数对光不敏感的种子，只要条件允许，最好在光照下培养。因为光照有利于抑制发芽过程中霉菌的生长繁殖，有利于幼苗进行光合作用，以便区分黄化和白化的不正常幼苗，正确地进行幼苗鉴定。光照强度要求有 750～1250lx 光源。

f. 检查温度和湿度　在种子发芽培养期间，应经常检查管理（图 8-8），以保证适宜的发芽条件。检查管理的主要内容如下。

(a) 检查发芽床的水分　发芽床应始终保持湿润，水分不能过干或过湿，更不能断水。

图 8-8　检查温度和湿度

(b) 检查培养的温度　恒温箱内要放置温度计与指示器温度相对照，防止温控器失灵。温度应控制在所需温度的±1℃范围内，防止由于控温部件失灵、断电、电器损坏等意外事故导致温度失控。如采用变温发芽，则须按规定变换温度。

(c) 检查种子有无发霉情况　如发现种子发霉，应及时取出洗涤除霉。当种子发霉超过 5%时，应及时更换发芽床，以免霉菌传染。如发现腐烂死亡的种子，则应将其除去并记载。

还应注意氧气的供应情况，避免因缺氧而影响种子正常发芽。

g. 试验持续时间和观察记载

(a) 试验持续时间　GB/T 3543.4—1995 表 1 中对每个种的试验持续时间做出了具体规定，其中试验前或试验期间用于破除休眠处理所需时间不计入发芽试验的时间。

如果样品在试验规定时间内只有几粒种子开始发芽时，试验时间可延长 7 天或规定时间的一半。根据试验天数，可增加计数的次数。反之，如果在试验规定时间结束之前，可以确定能发芽种子均已发芽，即样品已达到最高发芽率，则可提早结束试验。

(b) 鉴定幼苗和观察计数　鉴定幼苗要在其主要构造已发育到一定时期时进行。每株幼苗都必须按照规定的标准进行鉴定，根据种的不同，试验中绝大部分幼苗应达到：子叶从种皮中伸出（如莴苣属），初生叶展开（如菜豆属）、叶片从胚芽鞘中伸出（如小麦属）。尽管有一些种如胡萝卜属在试验末期，并非所有幼苗的子叶都从种皮中伸出，但至少在末次计数时，应可以清楚地看到子叶基部的“颈”。

在初次计数时，应将发育良好的正常幼苗从发芽床中拣出，对可疑的或损伤、畸形、生长不均衡的幼苗，通常留到末次计数时再计数。应及时从发芽床中除去严重腐烂的幼苗或发霉的种子，并随时计数。

末次计数时，应按正常幼苗、不正常幼苗、硬实、新鲜不发芽种子和死种子的定义，通过鉴定、分类、分别计数和记载。

复胚种子单位作为单粒种子计数，试验结果用至少产生一个正常幼苗的种子单位的百分率表示。当送验者提出要求时，也可测定 100 个种子单位所产生的正常幼苗数，或产生 1 株、2 株及 2 株以上正常幼苗的种子单位数。

h. 重新试验　为保证试验结果的可靠性和正确性，当试验出现 GB/T 3543.4—1995 的第 6 条，第 7 条所列的情况时，应重新试验。

i. 结果计算和表示　试验结果以正常幼苗数的百分率表示。计数时，以 100 粒种子为一个重复，如采用 50 粒或 25 粒的副重复，则应将相邻副重复合并成 100 粒的重复。

$$发芽势=\frac{初次计数正常幼苗数}{供检种子粒数}\times 100\%$$

$$发芽率=\frac{末次计数正常幼苗数}{供检种子粒数}\times 100\%$$

计算 4 次重复的正常幼苗平均百分率，检查其是否在容许差距范围内。当一个试验 4 次重复的最高和最低发芽率之差在最大容许差距范围内，则取其平均数表示该批种子的发芽率。不正常幼苗、硬实、新鲜不发芽种子、死种子的百分率按 4 次重复平均数计算。正常幼苗、不正常幼苗、未发芽种子（硬实、新鲜不发芽种子和死种子）的百分率之和为 100%，平均百分率修约至最近似的整数，0.5 修约进入最大值。如果其总和不是 100%，则执行下列程序：在不正常幼苗、硬实、新鲜不发芽种子和死种子中，首先找出百分率中小数部分最大者，修约此数至最大整数，并作为最终结果，然后计算其余成分百分率的整数，获得其总和，如果总和为 100%，修约程序到此结束，如果不是 100%，重复此程序；如果小数部分相同，优先次序为不正常幼苗、硬实、新鲜不发芽种子和死种子。

j. 结果报告　发芽结果须填报正常幼苗、不正常幼苗、硬实、新鲜不发芽种子和死种子的百分率。假如其中任何一项结果为零，则将符号“-0-”填入该表格中。

同时还须填报采用的发芽床、温度、试验持续时间以及为破除休眠处理，促进发芽所采用的方法，以提供评价种子种用价值的全面信息。

② 其他试验方法　在不具备标准发芽试验条件下，可用一些简易的方法来测定种子的发芽率。各地还因地制宜地创造了不少其他发芽试验方法。这些方法都是因陋就简、设备少、方法简单、快速。其缺点是所得结果有时与标准发芽试验法差距过大，缺乏重演性，所得结果不能作为该种子仲裁其发芽率时使用，只能自己用来评价其发芽率。

a. 豆类高温盖砂法　从净度测定后的净种子中随机数取试样 2 份，每份 100 粒，于 30℃的温水中浸种。豆类需 4h；取消毒过的砂，加适量水拌匀后放入发芽皿内，铺平，砂厚约是发芽皿高度的 2/3；将水浸过的种子整齐地排在砂床上，并保持一定距离。轻压种子使之与砂面平，其上盖一层湿纱布，再盖一层湿砂，与发芽皿上沿平，稍加镇压；粘贴标签；放于 25～28℃高温处发芽，经 48h，取出，提起纱布和砂，检查计算发芽率。

b. 毛巾卷法发芽试验　取 2 块毛巾，2 根筷子，于沸水中煮沸消毒 20～30min，取出毛巾，沥去多余的水分，平铺在干净的桌面上，中间放一根筷子；从净度分析后的净种子中随机数取种子 2 份，各 100 粒，分别排在半块毛巾上，排时毛巾边沿空 2～3cm，种子间要留一定距离，种胚向上；种子排好后，将另半块毛巾折过来，覆盖在排列好的种子上，以筷子为轴心，将毛巾卷成柱状，两头用橡皮筋缚住，挂上标签；将毛巾卷倾斜放入有水的搪瓷盘中，挂标签的一头搁在盘缘上，让其自动吸水，放入 30℃ 发芽箱中发芽。也可将毛巾卷直接放在水浴箱（30℃）内的支架上进行发芽；到达规定时间即将毛巾卷取出，将其打开，记录发芽种子数，并计算发芽率。此法应注意区别折断幼苗和畸形苗，折断的幼苗应作为正常幼苗计算在发芽率内。

c. 纸卷发芽试验　取长方形滤纸两张，约为 20cm×15cm，与长度方向平行等距离折出 4 条痕，留边 2～3cm，用自来水湿润；取白菜籽 100 粒，均匀排在一张湿润滤纸的折痕处，每排 25 粒，4 排共 100 粒。再将另一张湿润滤纸盖上；将 2 层滤纸的上下部各折起 1～2cm，卷成柱状，橡皮筋缚住，挂上标签，直立于 1cm 水深的水槽中或烧杯内（4 次重复）。放入 20℃ 的条件下发芽；第 2 天和第 6 天打开纸卷分别检查计算发芽势和发芽率。

d. 在保温瓶内做发芽试验　在无保温设备的地方可用保温瓶做发芽试验。试验前在瓶塞上打一孔，将温度计插入瓶内，盛小半瓶温水，将浸种以后的种子用纱布包好吊在瓶内空间。开水瓶里的温度要保持在 25～30℃，发芽期间每天用温水冲洗种子、检查种子、换温水保温和换空气增氧，防止种子霉烂。5～7 天后可以鉴定发芽率。判断标准是根长大于种子长，芽长达到种子长度的一半。一般种子发芽率不低于90%的可在生产上使用。该方法的优点是设备简单，缺点是不能进行苗期鉴定。

e. 在水井内做发芽试验　性喜冷凉的莴苣等种子在夏季高温期间不易发芽，在缺乏冰箱的地方可以将浸种以后的种子用纱布包好，吊在井内空间发芽。

f. 体温发芽　番茄、辣椒、茄子等种子体积小、用量少，冬季育苗时菜农常将种子用纱布、塑料袋包好后，放在内衣口袋内，一般衬衣口袋内的温度在25～30℃左右，正是发芽所需的温度。其优点是毋须设备，并随时可以冲洗、换气和检查发芽情况；缺点是种子在纱布、塑料袋内空间小、空气少，种子在袋内生长期短，不能做苗期鉴定。

g. 卫生纸卷筒法　将市售卷筒卫生纸，用水浸湿，将种子均匀地排列在纸上，缓慢卷成一筒，用线缚好，竖放在干净的器皿或碗内，放入发芽箱或相当于发芽箱温度的环境条件下，注意种胚朝上，每天加入适当水分及换气。该方法较适宜中小粒种子。

(3) 种子水分、千粒重测定　种子水分是指种子试样中所含水分的质量占试样质量的百分率。种子水分与有效贮藏有直接关系，超过安全水分的种子在贮藏期间，会因呼吸旺盛消耗养分，造成发芽；同时因为发热微生物大量繁殖，导致种子霉变等，因此必须将种子水分控制在安全范围内。种子水分测定可采用103℃±2℃烘8h烘干法，将装于密封容器内的试验样品，充分混合，从中取试样30～40g，菜豆、西瓜和豌豆需要磨碎处理；处理后要装入磨口瓶混匀备用，将瓶内样品取出1份，放预先烘干至恒重的铝盒内，在感量0.001g的天平上称准4.5～5g，摊平盖严，同样方法处理称取另一份样品。待烘箱预热至115℃左右时，打开盒盖，将样品盒放入箱内，距温度计2～2.5cm处，关闭箱门，然后在温度103℃±2℃下，烘干8h取出，盖好盒盖，放入干燥器内，冷却至室温称重，由烘后减少的质量计算水分，保留一位小数。

计算公式如下：

$$水分=\frac{试样烘前质量-试样烘后质量}{试样烘前质量}\times 100\%$$

两次测定之间的差距不超过0.2%，其结果可用两次测定值的算术平均数表示。

电子水分速测法是在迅速了解种子水分时使用的一种方法，尤其是在种子收购时使用得更多。目前世界各国和我国使用的电子水分速测仪主要有电容式水分仪、电阻式水分仪和微波式水分仪三种。

种子千粒重是指国家标准规定水分的1000粒种子的质量，以g为单位。国家标准检验时将净度分析后的净种子均匀混合，数取2份试样。大粒种子数500粒，中、小粒种子数1000粒，然后称重。大粒种子用感量0.1g的天平、中小粒种子用感量 0.01g 的天平称重。检验用 2 份试样的平均数表示。2 份试样允许误差为 5%，超过时，应再分析第 3 份试样，取差距最小的 2 份计算平均千粒重。

测得种子千粒重后，可根据实测千粒重和实测水分，折成规定水分的千粒重。

$$千粒重(规定水分)=\frac{1-实测水分}{1-规定水分\%}\times实测千粒重$$

种子水分的感官鉴别方法，主要根据平时积累的经验，通过眼看、手摸、牙咬、耳听等鉴别种子含水量高低。干燥成熟的种子，色泽较新鲜，富有光泽；水分含量高的种子色泽较深暗，缺少光泽。用手插入种子堆中，感到滑爽，用牙咬种子花力气大，发出声音响亮，种子断面光滑，都说明比较干燥。

(4) 品种真实性和纯度检验　种子真实性是指一批种子所属品种、种或属与标签是否相同，是否名副其实。这是鉴定种子真假问题。品种纯度是指符合本品种典型特征特性的样品数占检验样品总数的百分率。

①种子形态鉴定　随机从样品中数取 400 粒种子，鉴别时须设重复，每个重复不超过 100 粒种子。根据种子的形态特征，必要时可借助放大镜、解剖镜等逐粒进行观察，必须备有标准样品和鉴定图片或有关资料（说明或标签）。主要根据种子形状大小、颜色、芒、种脐、茸毛等明显和细微差异。当两个品种无明显差异时，就要用其他方法鉴别。色泽检查要在白天散射光下或特定光谱下进行鉴别，以区分出与标准样品不同的异型种子。

a. 豆类种子　种子形状有球形、卵形、椭球形及短柱形等，种皮颜色随品种而变化有纯白、乳黄、淡红、紫红、浅绿、深绿、墨绿及黑色等。从子叶颜色，脐的形状、大小、色泽，以及种子表面有无疣瘤和特殊的花纹等加以鉴别。

b. 芸薹属蔬菜种子（大白菜、甘蓝、花椰菜等）　芸薹属蔬菜种子可根据种子的形状、大小、胚根脊、种脐等特征来鉴别真伪。

种子的形状需从两个不同面观察种子。一为顶部形状，即视线垂直于着生脐区一面的形状；另一个为侧面形状，即脐区朝上、胚根脊朝左时的侧面形状。

种子大小用长×宽×高来表示。以垂直于脐区的轴长为“长”，垂直于长轴的轴为“宽”，垂直于宽面的轴长为“厚”。

内折下胚轴，在种子表面出现脊状隆起即为胚根脊。种脐为种子脱离母体后，在连接处留下的疤痕；脐区为接近于种脐的圆形深色部分。种孔是在种子有脐区的一端，靠近胚根尖处的小孔。鳞片碎屑指一些种子表面有碎屑状的白色附属物。网纹指种皮表面的网状花纹。网脊是网纹周围突起的壁，由 1～2 列细胞组成。

大白菜种子的鉴别标准：网纹清楚，网脊中等呈脊状，脊上细胞腔能看见。无胚根脊或较模糊，种子直径 1.6～2.0mm，种子鲜红褐色。

雪里蕻种子的鉴别标准：网纹显著，网脊高、顶平、壁直。种子长 2mm 以下。脐区有白色组织，种孔至种脐间有突起的白色窄条。

结球甘蓝种子的鉴别标准：网纹模糊，网眼小，网脊矮呈脊状，脊上细胞腔不明显。种子长在2mm左右，种子长小于宽。侧面近方形，胚根脊明显，一侧下部偏斜。

花椰菜种子的鉴别标准：网纹模糊，网眼小，网脊矮呈脊状，脊上细胞腔不明显。种子一般长大于宽，侧面倒卵形，胚根不明显。

c. 西瓜种子　根据种子的长度分为小粒（长度为5～6mm）、中粒（长度为7～10mm）、大粒（长度为11～16mm）。质量按千粒重分为大粒型120～150g、中粒型61～119g、小粒型50～60g。形状分为扁平卵圆形，品种间有差异。颜色分为白色、白黄、深金黄、黑色、黄绿色等。种皮斑纹分为脐部黑色；边缘缝合线黑色，整个种皮黑色，边缘黄斑，以及种皮有黑色斑点或条纹。种子的比重不同品种也有差异。

d. 茄科蔬菜种子　茄科主要有番茄、茄子、辣椒和马铃薯等。根据种子扁平程度；形状有圆形、卵形或肾状形；色泽由黄褐至赤褐；种皮光滑或被绒毛；种子大小等性状区分。

番茄种皮披有绒毛。辣椒种皮无绒毛种子扁平较大，略呈方形，种皮粗糙，具网纹，周围略高，呈浅黄色。茄子种皮无绒毛，种子饱满较小，种皮光滑，中央隆起，呈黄褐色，种子近圆形。马铃薯种皮无绒毛，饱满较小，种皮光滑，中央隆起，呈黄褐色，种子呈芝麻形。

② 幼苗形态鉴定　在温室或培养箱中，提供植株以加速发育的条件（类似于田间小区鉴定，只是所用时间较短），当幼苗生长到适宜评价的发育阶段时，对全部或部分幼苗进行鉴定；另一种方法是让植株生长在特殊的逆境条件下，测定不同品种对逆境的反应来鉴别不同品种。

根据子叶与第一片真叶形态鉴定十字花科的种或变种：在子叶期根据子叶大小、形状、颜色、厚度、光泽、茸毛等性状鉴别，第一真叶期根据第一片真叶的形状、大小、颜色、厚度、光泽、茸毛、叶脉宽狭及颜色、叶缘特征鉴别。现将甘蓝各变种的种苗特征特性进行比较，见表8-7。

表8-7　甘蓝各变种的种苗特征特性进行比较

甘蓝变种	子　　叶	第一片真叶
白球甘蓝	中等或大，倒肾形，先端有浅凹，暗绿色，有鲜明紫色沉积，下胚轴色素不明显	中等大小，椭圆形，叶缘细锯齿状，淡绿色或绿色，无色素沉积
红球甘蓝	红球甘蓝子叶中等大小，倒肾形，先端有浅凹，暗紫色，下胚轴全部呈暗浓紫色	中等大小，椭圆形，叶缘细锯齿状，绿色，有色素沉积叶面光滑，无茸毛，叶柄暗紫色

续表

甘蓝变种	子　叶	第一片真叶
皱叶甘蓝	中等大小，倒肾形，先端有浅凹，黄色、绿色、或深绿色，叶面光滑，下胚轴绿色略带紫色	中等大小，尖椭圆形，叶缘细锯齿状，绿色，叶面呈泡状，有时叶缘、叶脉有稀疏的茸毛
抱子甘蓝	子叶小，有时中等大小，倒肾形，先端有浅凹，绿色，背面有紫色沉积，叶面有光泽，下胚轴绿色，上部紫色	中等大小，椭圆形或长形，绿色，叶面平滑，无茸毛，叶缘具有不明显的突起
花椰菜	子叶小，卷成槽状，暗绿色，早中熟品种下胚轴有鲜明色素沉积，晚熟品种色素不明显	中等大小，叶缘具不明显的细锯齿，叶面光滑，暗绿色，中央叶脉有色素沉积
球茎甘蓝	中等大小，倒心脏形，绿色或暗绿色，下胚轴绿色或有色素沉积	中等或大，尖长椭圆形，叶缘具大而尖的锯齿，绿色或暗绿色，叶脉叶柄有时有色素沉积，叶面光滑，无茸毛

根据第一片真叶叶缘特性鉴定西瓜纯度：南京农业大学1995年用营养液砂培（粒距3cm，温度20～30℃）置于充足光照条件下，发芽12天第一片真叶展开时根据叶缘有无缺刻，缺刻深浅成功地鉴别了几个杂交组合的西瓜品种纯度。

莴苣幼苗形态鉴定：将莴苣种子播于砂中（种子间隔1.0cm×4.0cm，播种深度1cm），在25℃恒温下培养，每隔4天施加Hoagland 1号培养液，3周后（长有3～4片叶）根据下胚轴颜色、叶色、叶片卷曲程度和子叶等形状进行鉴别。

在幼苗形态鉴定时，可采用特殊的环境条件或激素等处理来诱导不同品种的遗传差异表现出来而有利于鉴别，也可用营养成分、光周期、温度、渗透有毒成分（杀虫剂、杀菌剂等）或水分处理来诱导品种鉴别性状的发育。

③ 植株型态鉴定　该法主要是在幼苗至成熟期间，根据不同品种植株形态特征和生育特性的差异，鉴别出异型植株的方法。该法是在种子形态，幼苗形态化学、物理、细胞遗传学和生物化学等鉴定方法不可靠或不可能鉴别时而不得不采用的方法。因为植株形态特征和生育特性比其他方法有更多的特征特性可供鉴别，有可能进行正确可靠的鉴定。

一般可根据株高、株型、茎粗、植株的花色、茎色、茎上茸毛、叶形、光周期反应、抗病性、成熟期、穗形和穗色、芒的有无、粒形和粒色和生育习性等特征来鉴定不同品种。有时也可利用控制生活周期，即利用温室条件，促进和加速鉴别性状的发育，达到比田间鉴定更快的目的。但人工控制环境条件，可能会改变品种的性状。因此在品种鉴定时应将欲检品种种植在该作物适应地区，给予良好的栽培管理，并应在适当季节进行，否则将会影响鉴定结果正确。但是，田间种植测定有占地面积大、设备多、时间长、花工多、成本高等缺点，并且能用于植株形态鉴定的性状是有限的，所以，该方法应与其他鉴定方法结合进行，可以收到较好的鉴定效果。

④ 生化性状　鉴定品种的生化特性主要是指品种的蛋白质和同工酶电泳图谱。不同品种由于其遗传基础物质 DNA 的不同，形成的模板 RNA 不同，合成不同的蛋白质或同工酶。采用电泳技术将种子中的这些不同成分加以区分，形成不同的电泳图谱，也称为“品种的生化指纹”，或“品种的标记”，借以区分品种，进行纯度鉴定。电泳技术用于蔬菜品种鉴定已经在我国受到广泛重视，如中山大学生物系文方德、李卓杰和傅家瑞用等电聚焦电泳鉴定杂交番茄种子纯度已取得成功；北京市蔬菜研究中心的黄为平和郑晓鹰用等电聚焦电泳过氧化物同工酶电泳鉴定大白菜一代杂种及双亲幼苗，并越来越多地得到应用。

⑤ 分子标记性状　分子标记一般是指 DNA 标记，它以染色体 DNA 上特定的核苷酸序列作为标记。作为遗传标记的一种，分子标记与其他遗传标记相比具有以下优点：a. 直接以 DNA 的形式表现，在生物体的各个组织、各个发育阶段均可检测到，不受季节和环境限制，不存在表达与否等问题；b. 数量极多，遍布整个基因组，可检测的座位几乎是无限的；c. 多态性高，自然界存在许多等位变异，无须人为创造；d. 表现为中性，环境不影响目标性状的表达；e. 许多标记表现为共显性的特点，能区别纯合体和杂合体。利用分子标记技术，直接反应 DNA 水平上的差异，所以目前成为最先进的遗传标记系统。

3. 检验报告（或证书）

检验报告（或证书）是种子检验的最后产物，填写和签发检验报告是种子检验一项高度负责和十分严肃认真的重要工作。结果报告内容和数据应认真填写，书写清楚，准确无误，不得涂改，否则会给种子生产者、经营者和种植者造成不应有的经济损失。因此，GB/T 3543.1—1995《农作物种子检验规程　总则》第 6 章中规定了结果报告的签发条件，并原则性规定了结果报告的格式和填报内容。

4. 种子质量的感官检验方法

感官鉴别主要是利用人体器官的功能结合实践经验对种子的色泽、气味和外观品质进行评价。这种方法具有方法简便、快速的特点，而且不受时间、地点和环境条件的限制，但不够正确，并需有多年实践经验者进行鉴别。在种子收购、入库和采购时采用此方法具有十分重要的意义。感官鉴别按人体器官的不同，可分为视觉鉴别、嗅觉鉴别、触觉鉴别和听觉鉴别。在利用这些方法时要相互结合、综合利用、总体判断才能得出较为可靠的结果，做为购买种子及在条件不具备时可作参考。

(1) 视觉鉴别　利用眼力判断种子的品质，如种子的籽粒饱满度、均匀度、杂质和不完整籽粒的多少，色泽是否正常，有无虫害、菌瘿或霉变等情况。看时既要集中于一点又要兼顾全面。先把种子摊在手上、桌面或平板上，把视线先集中在一点上仔细观察识别，再慢慢地放大视野观察并进行比较。

① 种子净度的鉴别　用眼看种子内是否混有不同的大型异质，种子表面是否沾有尘土。手插入种子堆倾斜抖动，拨看指缝是否有尘土或其他杂物，并估算出它们所占比例。也可以取出一部分种子样品摊于样品盘上或手上，先粗略计数样品数量，再将手或样品盘倾斜并缓缓抖动，使种子均匀地向下流动，当流完后观察手或盘中的杂质的多少，估测含杂质比例，推算出种子的净度。

② 种子真伪的鉴别　一般的作物种子特别是杂交种子在外观上有其固有的特征，对这些特征的观察可大致鉴别出种子的真伪。品种纯度取一定数量的种子，目测种子的颜色、粒型、粒质、大小等，检出不符合本品种特征特性的籽粒，计算出异品种的比例，大致判断种子纯度的百分率。

③ 种子病害的鉴别　作物种子的很多种病害都可以用感官鉴别。鉴别方法是从样品中数取500粒种子，放在白纸上或玻璃板上，用肉眼或5～10倍的放大镜检查菌瘿或菌丝，取出病原体或病粒，称其质量（g）或数其粒数，计算出种子感病率。

$$种子病害率=\frac{病粒数或病原体质量}{试样粒数或质量}\times 100\%$$

(2) 嗅觉鉴别　嗅觉鉴别是利用鼻子的功能判断种子有无霉烂、变质及异味的一种方法。正常新鲜的种子都带有该品种的特殊气味；新鲜种子具有清香气味。凡发霉变质的种子一般都带有异味。如发过芽的种子带有甜味，发过霉的种子带有酸味或酒味。判断气味的方法是刚打开包装袋口，马上用嗅觉判断有无异味。因为刚打开袋口时，突然散发出的气味很容易闻到。也可将种子放在手掌上，吸一口气后闻嗅是否有霉味；或将种子放在玻璃杯中，注入60～70℃温水，加盖2～3min后，把水倒出闻嗅。

(3) 触觉鉴别　触觉鉴别是用手的触觉功能判断种子水分的一种简易鉴别方法。根据种子的干燥、湿润和光滑程度及手插入种子堆（袋）内的感觉来判断种子的含水量。如手插入种子堆（袋）内感觉松散、光滑、阻力小、有响声则水分低，用手抓种子时，籽粒容易从指缝中流落则种子含水量低；手插入种子堆（袋）内感觉到发涩、阻力大，手有潮湿的感觉，则种子含水量较高。

(4) 听觉鉴别　听觉鉴别是用耳朵功能判断种子水分的一种方法。抓一把种子紧紧握住，五指活动，听有无沙沙响声，或用扦样器敲打种子听有无清脆而急促的沙沙响声；带有果皮的品种抓起摇动听响声，或把种子从高处扬落发出响声判断种子的干燥程度。一般情况下，声音越大，种子的水分越小，反之，声音不大，并有发闷的声音，种子水分较大。

(5) 齿觉鉴别　齿觉鉴别是用牙齿的功能判断种子水分的一种方法。用牙齿咬种子籽粒听其响声，观察种子质量。方法是取各点的籽粒用牙齿轻轻加大压力，切断种子籽粒，若感觉费力，声音清脆，软质粒断面掉粉，硬质粒断面整齐，则水分含量低；反之，牙咬时感觉软湿，籽粒饼状片则含水量高。

5. 常见作物种子生活力感官识别方法

作物种子好坏新陈，直接与产量效益相关联；有的作物必须播种当年的新种，而有的蔬菜种子必须播种收存的陈种。作物种子综合运用感官根据种子和胚外表特征，或解剖种子和胚进行鉴别。用感官法识别种子有无生活力的标志，因各种作物种子不同而有所区别，一般的规律如下。

① 凡果皮或种皮色泽新鲜，有光泽者为有生活力，反之无生活力。

② 凡胚部色泽浅、充实饱满、富有弹性者为有生活力，胚色深、干枯、皱缩、无弹性者为无生活力。

③ 凡在种子上呵一口气无水汽黏附，且不表现出特殊光泽者为有生活力，反之无生活力。

④ 豆科、十字花科、葫芦科、伞形科等蔬菜种子含油量较高，剥开其种子发现种子 2 片子叶色泽深黄、无光泽、出现黄斑，菜农称为“走油”。这种种子生活力很弱，或已经丧失生活力。

一般地说，种子较新，生活力亦较强，使用价值也较高，种子越陈，生活力越弱，使用价值越低。下面介绍部分种子的有效收存期限和种子新陈的鉴别方法。

(1) 辣椒种子　辣椒种子的有效收存期限最长不得超过 3 年。超过 3 年，不但发芽率低，而且部分种子出苗成活后其产量也不高。所以，选购种子时，务必仔细观察种子的颜色。新籽呈金黄色，有光泽，辣味大；陈籽则呈杏黄色，无光泽，辣味小；若辣椒籽变成褐色，说明其种子至少收存 3 年以上，则根本不能作种用。

(2) 黄瓜种子　黄瓜种子的有效收存期限最长不得超过 3 年。若超过 3 年，其出苗率要降低 30%～40%以上。尽管有些黄瓜种子播种后能出苗，但往往有子叶无真叶，尚不能成活。鉴别黄瓜种子的新陈可通过眼看颜色、鼻子闻气味、试发芽这三种方法。看颜色：新籽外皮呈浅白色，有光泽。剥开表皮后，果仁呈洁白色，种仁含有油分，有香味；顶端有细毛尖儿，将手插入种子袋内，拿出时手上往往挂有种子。陈籽外皮呈土黄色，色泽深暗无光，常有黄斑，越深暗说明存放的时间越久。剥开表皮后，果仁发乌，顶端上有很小的黑色。顶端刚毛钝而脆，用手插入种子袋内再拿出时手上往往不挂有种子。闻气味：新籽带有一般腐烂的黄瓜酸味，并稍带有土腥气味。试发芽：新籽刚露芽时，皮紧包裹着芽尖，1 个星期左右，皮开始裂开，而陈籽一露芽头皮即裂开。

(3) 白菜种子　白菜种子的收存期限最长不得超过 2 年。当年收获的种子当年可以直接播种，第 2 年仍可以作种用。超过 2 年的种子播种后的出苗率一般要降低 20%左右，且极易感染病菌。存放的时间越久，出苗率越低，抗病害的能力也就越差。而且，贮存白菜种子，必须存放在凉爽干燥的地方，切勿用水缸、铁桶等不透空气的容器存放，以免把种子捂坏而影响出苗率。新种子光泽鲜亮，表面光滑，有清香味，用指甲压后成饼状，油脂较多，子叶浅黄色或黄绿色。陈种子表皮发暗无光泽，常有一层“白霜”，用指甲压易碎而种皮易脱落，油脂少，子叶深黄色，如多压碎一些，可闻出“哈喇”味，甚至有虫眼或虫丝。

(4) 香菜种子　当年收获的种子必须存放1年之后方能种植，但其存放的有效期限也不得超过3年。新的香菜种子菜味浓馨，陈的香菜种子菜味清淡。

(5) 芹菜种子　芹菜种子可以收存5年，但当年产的芹菜种子不能当年作种用，提前作种影响出芽率。新籽芹菜味较浓，表皮土黄色，稍带绿。存放2年以上的陈籽其芹菜味较淡一些，表皮为深土黄色。

(6) 茄子种子　茄子种子的保存期限为6年，超过6年以上的种子其出苗率、成活率相对降低。新籽外皮有光泽，表皮为乳黄色，如用门齿咬种子，易滑掉；种子光泽随其存放时间的延长而变得暗淡无光，表皮为土黄色，发红，如用门齿咬种子易咬住，此为陈籽。

(7) 葱种子　夏季种伏葱必须用当年春季收获的新葱籽。若用头年葱作种，其产量低，小葱长起后，即会出现抽薹结籽现象。其存放的有效期限为1年之内。新种子种皮亮黑，胚乳白色；陈种子种皮乌黑，胚乳发黄。

(8) 韭菜种子　韭菜种子必须选用当年的新籽。若是把隔年的陈籽作种，就不易出苗；即使有的出了苗，长几天后也会逐渐枯萎死亡。但如果把韭菜种子放在0℃以下的仓库里，第2年仍然可以作种。色泽新亮的为新籽，灰紫暗淡为陈籽。

(9) 雪里蕻种子　雪里蕻种子的存放有效期限为5年。当年收获的种子当年不能作种，即使作种其出苗率也很低，甚至根本不出苗。因此，种植雪里蕻菜必须选择存放1年以上的种子为佳。

(10) 番茄种子　番茄种子的存放期限为4年，超过4年其出苗率相当低。新的番茄种子，要仔细观察。其籽上有一层小茸毛，且有一股腐败的番茄味。陈籽其皮上那层小茸毛脱落，腐败味清淡或消失。

(11) 瓜类蔬菜种子　新种子种仁黄绿色或白色，油脂多，有香味。陈种子种仁深黄色，油脂少，子叶深黄，有“哈喇”味。

(12) 胡萝卜种子　新种子种仁白色，有香味。陈种子种仁黄色或深黄色，无香味。

(13) 菠菜种子　新种子种皮黄绿色，清香，种子内部淀粉为白色。陈种子种皮土黄色或灰黄色，有霉味，种子内部淀粉为浅灰色到灰色。

(14) 菜豆等豆类蔬菜种子　新种子种皮色泽光亮，脐白色，子叶黄白色，子叶与种皮紧密相连，从高处落地声音实。陈种子种皮色泽发暗，色变深，不光滑，脐发黄，子叶深黄色或土黄色，子叶与种皮脱离，从高处落地声音发空。

资料卡

如何投诉种子质量纠纷?

随着种子经营市场的逐步放开，种子经营主体急剧增多，种子质量控制难度和市场监管难度增大，种子质量纠纷时有发生，给农业生产和农村社会稳定造成了一定负面影响。种子质量纠纷问题，概括起来有三种情况：一种是因种子质量没有达到国家强制性标准而产生的纠纷，种子经营者应当依法向种子使用者（即消费者）赔偿经济损失；另一种是因气候影响、栽培技术不到位或其他非种子质量造成损失的纠纷，种子经营者则不承担赔偿责任；第三种是种子经营者为谋取私利，以虚假广告故意夸大种子的优良特性和收益或刻意隐瞒品种自身存在的缺陷，误导种子使用者而产生的纠纷，种子经营者应当依法赔偿经济损失。

《中华人民共和国种子法》明确规定：县级以上地方人民政府农业行政主管部门分别主管本行政区域内农作物种子工作。因此，一旦发生种子质量纠纷，种子使用者应及时向当地农业行政主管部门投诉，并提供种子标签、包装袋、使用说明书和购种凭证等重要证据，以便农业行政主管部门种子管理机构按照国家农业部 2003 年第 28 号令《农作物种子质量纠纷田间现场鉴定管理办法》规定，组织专家进行现场鉴定，依法进行处理。若纠纷双方任何一方对鉴定意见不服，可以向组织鉴定单位的上级领导机关申请重新鉴定。对处理意见不服的，可以向提出处理意见的单位的上级领导机关反映，申请重新处理；也可以直接向当地人民法院起诉；还可以向当地消费者协会反映，以充分保护自身合法权益。

小　结

蔬菜种子的加工包括种子清选、脱毛、包衣等处理和种子包装。不同蔬菜种子的寿命和使用年限不同，为延长种子的使用年限，必须选用适当的贮藏方法，如普通贮藏法、低温除湿贮藏法和密闭贮藏法。蔬菜种子检验包括田间检验和室内检验。田间检验需分阶段进行，经了解情况、划区设点、均匀取样后，进行统计、鉴定和计算，最后填写田间检验报告单。室内检验通常分为扦样、测定和签证三个步骤，测定的主要项目有净度分析、种子发芽试验、种子真实性和品种纯度鉴定、种子水分和千粒重测定。

思考题

1. 蔬菜种子的加工主要包括哪些内容？

2. 蔬菜种子的寿命和使用年限有何区别？举例说明哪些种子是长寿种子，哪些种子是短命种子？

3. 蔬菜种子普通贮藏法的基本步骤是什么？

4. 怎样解决种子贮藏期间的“发热”现象？

5. 绘图说明种子田间检验有哪几种取样方式。

6. 田间检验需统计和计算哪些数据？

7. 种子室内检验时如何扦取小样并进行原始样品的配制？

8. 简述种子净度分析的基本步骤。

9. 简述种子发芽试验的基本步骤。

10. 简述种子水分和千粒重测定的基本步骤。

11. 简述种子真实性和纯度鉴定方法。

附录一
中华人民共和国种子法

（2000年7月8日第九届全国人民代表大会常务委员会第十六次会议通过。根据2004年8月28日第十届全国人民代表大会常务委员会第十一次会议《关于修改〈中华人民共和国种子法〉的决定》修正。）

第一章 总 则

第一条 为了保护和合理利用种质资源，规范品种选育和种子生产、经营、使用行为，维护品种选育者和种子生产者、经营者、使用者的合法权益，提高种子质量水平，推动种子产业化，促进种植业和林业的发展，制定本法。

第二条 在中华人民共和国境内从事品种选育和种子生产、经营、使用、管理等活动，适用本法。

本法所称种子，是指农作物和林木的种植材料或者繁殖材料，包括籽粒、果实和根、茎、苗、芽、叶等。

第三条 国务院农业、林业行政主管部门分别主管全国农作物种子和林木种子工作；县级以上地方人民政府农业、林业行政主管部门分别主管本行政区域内农作物种子和林木种子工作。

第四条 国家扶持种质资源保护工作和选育、生产、更新、推广使用良种，鼓励品种选育和种子生产、经营相结合，奖励在种质资源保护工作和良种选育、推广等工作中成绩显著的单位和个人。

第五条 县级以上人民政府应当根据科教兴农方针和种植业、林业发展的需要制定种子发展规划，并按照国家有关规定在财政、信贷和税收等方面采取措施保证规划的实施。

第六条 国务院和省、自治区、直辖市人民政府设立专项资金，用于扶持良种选育和推广。具体办法由国务院规定。

第七条 国家建立种子贮备制度，主要用于发生灾害时的生产需要，保障农业生产安全。对贮备的种子应当定期检验和更新。种子贮备的具体办法由国务院规定。

第二章 种质资源保护

第八条 国家依法保护种质资源，任何单位和个人不得侵占和破坏种质资源。

禁止采集或者采伐国家重点保护的天然种质资源。因科研等特殊情况需要采集或者采伐的，应当经国务院或者省、自治区、直辖市人民政府的农业、林业行政主管部门批准。

第九条　国家有计划地收集、整理、鉴定、登记、保存、交流和利用种质资源，定期公布可供利用的种质资源目录。具体办法由国务院农业、林业行政主管部门规定。

国务院农业、林业行政主管部门应当建立国家种质资源库，省、自治区、直辖市人民政府农业、林业行政主管部门可以根据需要建立种质资源库、种质资源保护区或者种质资源保护地。

第十条　国家对种质资源享有主权，任何单位和个人向境外提供种质资源的，应当经国务院农业、林业行政主管部门批准；从境外引进种质资源的，依照国务院农业、林业行政主管部门的有关规定办理。

第三章　品种选育与审定

第十一条　国务院农业、林业、科技、教育等行政主管部门和省、自治区、直辖市人民政府应当组织有关单位进行品种选育理论、技术和方法的研究。

国家鼓励和支持单位和个人从事良种选育和开发。

第十二条　国家实行植物新品种保护制度，对经过人工培育的或者发现的野生植物加以开发的植物品种，具备新颖性、特异性、一致性和稳定性的，授予植物新品种权，保护植物新品种权所有人的合法权益。具体办法按照国家有关规定执行。选育的品种得到推广应用的，育种者依法获得相应的经济利益。

第十三条　单位和个人因林业行政主管部门为选育林木良种建立测定林、试验林、优树收集区、基因库而减少经济收入的，批准建立的林业行政主管部门应当按照国家有关规定给予经济补偿。

第十四条　转基因植物品种的选育、试验、审定和推广应当进行安全性评价，并采取严格的安全控制措施。具体办法由国务院规定。

第十五条　主要农作物品种和主要林木品种在推广应用前应当通过国家级或者省级审定，申请者可以直接申请省级审定或者国家级审定。由省、自治区、直辖市人民政府农业、林业行政主管部门确定的主要农作物品种和主要林木品种实行省级审定。

主要农作物品种和主要林木品种的审定办法应当体现公正、公开、科学、效率的原则，由国务院农业、林业行政主管部门规定。

国务院和省、自治区、直辖市人民政府的农业、林业行政主管部门分别设立由专业人员组成的农作物品种和林木品种审定委员会，承担主要农作物品种和主要林木品种的审定工作。

在具有生态多样性的地区，省、自治区、直辖市人民政府农业、林业行政主管部门可以委托设区的市、自治州承担适宜于在特定生态区域内推广应用的主要农作物品种和主要林木品种的审定工作。

第十六条　通过国家级审定的主要农作物品种和主要林木良种由国务院农业、林业行政主管部门公告，可以在全国适宜的生态区域推广。通过省级审定的主要农作物品种和主要林木良种由省、自治区、直辖市人民政府农业、林业行政主管部门公告，可以在本行政区域内适宜的生态区域推广；相邻省、自治区、直辖市属于同一适宜生态区的地域，经所在省、自治区、直辖市人民政府农业、林业行政主管部门同意后可以引种。

第十七条　应当审定的农作物品种未经审定通过的，不得发布广告，不得经营、推广。

应当审定的林木品种未经审定通过的，不得作为良种经营、推广，但生产确需使用的，应当经林木品种审定委员会认定。

第十八条　审定未通过的农作物品种和林木品种，申请人有异议的，可以向原审定委员会或者上一级审定委员会申请复审。

第十九条　在中国没有经常居所或者营业场所的外国人、外国企业或者外国其他组织在中国申请品种审定的，应当委托具有法人资格的中国种子科研、生产、经营机构代理。

第四章　种子生产

第二十条　主要农作物和主要林木的商品种子生产实行许可制度。

主要农作物杂交种子及其亲本种子、常规种原种种子、主要林木良种的种子生产许可证，由生产所在地县级人民政府农业、林业行政主管部门审核，省、自治区、直辖市人民政府农业、林业行政主管部门核发；其他种子的生产许可证，由生产所在地县级以上地方人民政府农业、林业行政主管部门核发。

第二十一条　申请领取种子生产许可证的单位和个人，应当具备下列条件：

1. 具有繁殖种子的隔离和培育条件；

2. 具有无检疫性病虫害的种子生产地点或者县级以上人民政府林业行政主管部门确定的采种林；

3. 具有与种子生产相适应的资金和生产、检验设施；

4. 具有相应的专业种子生产和检验技术人员；

5. 法律、法规规定的其他条件。

申请领取具有植物新品种权的种子生产许可证的，应当征得品种权人的书面同意。

第二十二条　种子生产许可证应当注明生产种子的品种、地点和有效期限等项目。

禁止伪造、变造、买卖、租借种子生产许可证；禁止任何单位和个人无证或者未按照许可证的规定生产种子。

第二十三条　商品种子生产应当执行种子生产技术规程和种子检验、检疫规程。

第二十四条　在林木种子生产基地内采集种子的，由种子生产基地的经营者组织进行，采集种子应当按照国家有关标准进行。

禁止抢采掠青、损坏母树，禁止在劣质林内、劣质母树上采集种子。

第二十五条　商品种子生产者应当建立种子生产档案，载明生产地点、生产地块环境、前茬作物、亲本种子来源和质量、技术负责人、田间检验记录、产地气象记录、种子流向等内容。

第五章　种子经营

第二十六条　种子经营实行许可制度。种子经营者必须先取得种子经营许可证后，方可凭种子经营许可证向工商行政管理机关申请办理或者变更营业执照。

种子经营许可证实行分级审批发放制度。种子经营许可证由种子经营者所在地县级以上地方人民政府农业、林业行政主管部门核发。主要农作物杂交种子及其亲本种子、常规种原种种子、主要林木良种的种子经营许可证，由种子经营者所在地县级人民政府农业、林业行政主管部门审核，省、自治区、直辖市人民政府农业、林业行政主管部门核发。实行选育、生产、经营相结合并达到国务院农业、林业行政主管部门规定的注册资本金额的种子公司和从事种子进出口业务的公司的种子经营许可证，由省、自治区、直辖市人民政府农业、林业行政主管部门审核，国务院农业、林业行政主管部门核发。

第二十七条　农民个人自繁、自用的常规种子有剩余的，可以在集贸市场上出售、串换，不需要办理种子经营许可证，由省、自治区、直辖市人民政府制定管理办法。

第二十八条　国家鼓励和支持科研单位、学校、科技人员研究开发和依法经营、推广农作物新品种和林木良种。

第二十九条　申请领取种子经营许可证的单位和个人，应当具备下列条件：

1. 具有与经营种子种类和数量相适应的资金及独立承担民事责任的能力；

2. 具有能够正确识别所经营的种子、检验种子质量、掌握种子贮藏、保管技术的人员；

3. 具有与经营种子的种类、数量相适应的营业场所及加工、包装、贮藏保管设施和检验种子质量的仪器设备；

4. 法律、法规规定的其他条件。

种子经营者专门经营不再分装的包装种子的，或者受具有种子经营许可证的种子经营者以书面委托代销其种子的，可以不办理种子经营许可证。

第三十条　种子经营许可证的有效区域由发证机关在其管辖范围内确定。种子经营者按照经营许可证规定的有效区域设立分支机构的，可以不再办理种子经营许可证，但应当在办理或者变更营业执照后十五日内，向当地农业、林业行政主管部门和原发证机关备案。

第三十一条　种子经营许可证应当注明种子经营范围、经营方式及有效期限、有效区域等项目。

禁止伪造、变造、买卖、租借种子经营许可证；禁止任何单位和个人无证或者未按照许可证的规定经营种子。

第三十二条　种子经营者应当遵守有关法律、法规的规定，向种子使用者提供种子的简要性状、主要栽培措施、使用条件的说明与有关咨询服务，并对种子质量负责。

任何单位和个人不得非法干预种子经营者的自主经营权。

第三十三条　未经省、自治区、直辖市人民政府林业行政主管部门批准，不得收购珍贵树木种子和本级人民政府规定限制收购的林木种子。

第三十四条　销售的种子应当加工、分级、包装。但是，不能加工、包装的除外。

大包装或者进口种子可以分装；实行分装的，应当注明分装单位，并对种子质量负责。

第三十五条　销售的种子应当附有标签。标签应当标注种子类别、品种名称、产地、质量指标、检疫证明编号、种子生产及经营许可证编号或者进口审批文号等事项。标签标注的内容应当与销售的种子相符。

销售进口种子的，应当附有中文标签。

销售转基因植物品种种子的，必须用明显的文字标注，并应当提示使用时的安全控制措施。

第三十六条　种子经营者应当建立种子经营档案，载明种子来源、加工、贮藏、运输和质量检测各环节的简要说明及责任人、销售去向等内容。

一年生农作物种子的经营档案应当保存至种子销售后两年，多年生农作物和林木种子经营档案的保存期限由国务院农业、林业行政主管部门规定。

第三十七条　种子广告的内容应当符合本法和有关广告的法律、法规的规定，主要性状描述应当与审定公告一致。

第三十八条　调运或者邮寄出县的种子应当附有检疫证书。

第六章　种子使用

第三十九条　种子使用者有权按照自己的意愿购买种子，任何单位和个人不得非法干预。

第四十条　国家投资或者国家投资为主的造林项目和国有林业单位造林，应当根据林业行政主管部门制定的计划使用林木良种。

国家对推广使用林木良种营造防护林、特种用途林给予扶持。

第四十一条　种子使用者因种子质量问题遭受损失的，出售种子的经营者应当予以赔偿，赔偿额包括购种价款、有关费用和可得利益损失。

经营者赔偿后，属于种子生产者或者其他经营者责任的，经营者有权向生产者或者其他经营者追偿。

第四十二条　因使用种子发生民事纠纷的，当事人可以通过协商或者调解解决。当事人不愿通过协商、调解解决或者协商、调解不成的，可以根据当事人之间的协议向仲裁机构申请仲裁。当事人也可以直接向人民法院起诉。

第七章　种子质量

第四十三条　种子的生产、加工、包装、检验、贮藏等质量管理办法和行业标准，由国务院农业、林业行政主管部门制定。

农业、林业行政主管部门负责对种子质量的监督。

第四十四条　农业、林业行政主管部门可以委托种子质量检验机构对种子质量进行检验。

承担种子质量检验的机构应当具备相应的检测条件和能力，并经省级以上人民政府有关主管部门考核合格。

第四十五条　种子质量检验机构应当配备种子检验员。种子检验员应当具备以下条件：

1. 具有相关专业中等专业技术学校毕业以上文化水平；

2. 从事种子检验技术工作三年以上；

3. 经省级以上人民政府农业、林业行政主管部门考核合格。

第四十六条　禁止生产、经营假、劣种子。

下列种子为假种子：

1. 以非种子冒充种子或者以此种品种种子冒充他种品种种子的；

2. 种子种类、品种、产地与标签标注的内容不符的。

下列种子为劣种子：

1. 质量低于国家规定的种用标准的；

2. 质量低于标签标注指标的；

3. 因变质不能作种子使用的；

4. 杂草种子的比率超过规定的；

5. 带有国家规定检疫对象的有害生物的。

第四十七条　由于不可抗力原因，为生产需要必须使用低于国家或者地方规定的种用标准的农作物种子的，应当经用种地县级以上地方人民政府批准；林木种子应当经用种地省、自治区、直辖市人民政府批准。

第四十八条　从事品种选育和种子生产、经营以及管理的单位和个人应当遵守有关植物检疫法律、行政法规的规定，防止植物危险性病、虫、杂草及其他有害生物的传播和蔓延。

禁止任何单位和个人在种子生产基地从事病虫害接种试验。

第八章　种子进出口和对外合作

第四十九条　进口种子和出口种子必须实施检疫，防止植物危险性病、虫、杂草及其他有害生物传入境内和传出境外，具体检疫工作按照有关植物进出境检疫法律、行政法规的规定执行。

第五十条　从事商品种子进出口业务的法人和其他组织，除具备种子经营许可证外，还应当依照有关对外贸易法律、行政法规的规定取得从事种子进出口贸易的许可。

从境外引进农作物、林木种子的审定权限，农作物、林木种子的进出口审批办法，引进转基因植物品种的管理办法，由国务院规定。

第五十一条　进口商品种子的质量，应当达到国家标准或者行业标准。没有国家标准或者行业标准的，可以按照合同约定的标准执行。

第五十二条　为境外制种进口种子的，可以不受本法第五十条第一款的限制，但应当具有对外制种合同，进口的种子只能用于制种，其产品不得在国内销售。

从境外引进农作物试验用种，应当隔离栽培，收获物也不得作为商品种子销售。

第五十三条　禁止进出口假、劣种子以及属于国家规定不得进出口的种子。

第五十四条　境外企业、其他经济组织或者个人来我国投资种子生产、经营的，审批程序和管理办法由国务院有关部门依照有关法律、行政法规规定。

第九章　种子行政管理

第五十五条　农业、林业行政主管部门是种子行政执法机关。种子执法人员依法执行公务时应当出示行政执法证件。

农业、林业行政主管部门为实施本法，可以进行现场检查。

第五十六条　农业、林业行政主管部门及其工作人员不得参与和从事种子生产、经营活动；种子生产经营机构不得参与和从事种子行政管理工作。种子的行政主管部门与生产经营机构在人员和财务上必须分开。

第五十七条　国务院农业、林业行政主管部门和异地繁育种子所在地的省、自治区、直辖市人民政府应当加强对异地繁育种子工作的管理和协调，交通运输部门应当优先保证种子的运输。

第五十八条　农业、林业行政主管部门在依照本法实施有关证照的核发工作中，除收取所发证照的工本费外，不得收取其他费用。

第十章　法律责任

第五十九条　违反本法规定，生产、经营假、劣种子的，由县级以上人民政府农业、林业行政主管部门或者工商行政管理机关责令停止生产、经营，没收种子和违法所得，吊销种子生产许可证、种子经营许可证或者营业执照，并处以罚款；有违法所得的，处以违法所得五倍以上十倍以下罚款；没有违法所得的，处以二千元以上五万元以下罚款；构成犯罪的，依法追究刑事责任。

第六十条　违反本法规定，有下列行为之一的，由县级以上人民政府农业、林业行政主管部门责令改正，没收种子和违法所得，并处以违法所得一倍以上三倍以下罚款；没有违法所得的，处以一千元以上三万元以下罚款；可以吊销违法行为人的种子生产许可证或者种子经营许可证；构成犯罪的，依法追究刑事责任：

1. 未取得种子生产许可证或者伪造、变造、买卖、租借种子生产许可证，或者未按照种子生产许可证的规定生产种子的；

2. 未取得种子经营许可证或者伪造、变造、买卖、租借种子经营许可证，或者未按照种子经营许可证的规定经营种子的。

第六十一条　违反本法规定，有下列行为之一的，由县级以上人民政府农业、林业行政主管部门责令改正，没收种子和违法所得，并处以违法所得一倍以上三倍以下罚款；没有违法所得的，处以一千元以上二万元以下罚款；构成犯罪的，依法追究刑事责任：

1. 为境外制种的种子在国内销售的；

2. 从境外引进农作物种子进行引种试验的收获物在国内作商品种子销售的；

3. 未经批准私自采集或者采伐国家重点保护的天然种质资源的。

第六十二条　违反本法规定，有下列行为之一的，由县级以上人民政府农业、林业行政主管部门或者工商行政管理机关责令改正，处以一千元以上一万元以下罚款：

1. 经营的种子应当包装而没有包装的；

2. 经营的种子没有标签或者标签内容不符合本法规定的；

3. 伪造、涂改标签或者试验、检验数据的；

4. 未按规定制作、保存种子生产、经营档案的；

5. 种子经营者在异地设立分支机构未按规定备案的。

第六十三条　违反本法规定，向境外提供或者从境外引进种质资源的，由国务院或者省、自治区、直辖市人民政府的农业、林业行政主管部门没收种质资源和违法所得，并处以一万元以上五万元以下罚款。

未取得农业、林业行政主管部门的批准文件携带、运输种质资源出境的，海关应当将该种质资源扣留，并移送省、自治区、直辖市人民政府农业、林业行政主管部门处理。

第六十四条　违反本法规定，经营、推广应当审定而未经审定通过的种子的，由县级以上人民政府农业、林业行政主管部门责令停止种子的经营、推广，没收种子和违法所得，并处以一万元以上五万元以下罚款。

第六十五条　违反本法规定，抢采掠青、损坏母树或者在劣质林内和劣质母树上采种的，由县级以上人民政府林业行政主管部门责令停止采种行为，没收所采种子，并处以所采林木种子价值一倍以上三倍以下的罚款；构成犯罪的，依法追究刑事责任。

第六十六条　违反本法第三十三条规定收购林木种子的，由县级以上人民政府林业行政主管部门没收所收购的种子，并处以收购林木种子价款二倍以下的罚款。

第六十七条　违反本法规定，在种子生产基地进行病虫害接种试验的，由县级以上人民政府农业、林业行政主管部门责令停止试验，处以五万元以下罚款。

第六十八条　种子质量检验机构出具虚假检验证明的，与种子生产者、销售者承担连带责任；并依法追究种子质量检验机构及其有关责任人的行政责任；构成犯罪的，依法追究刑事责任。

第六十九条　强迫种子使用者违背自己的意愿购买、使用种子给使用者造成损失的，应当承担赔偿责任。

第七十条　农业、林业行政主管部门违反本法规定，对不具备条件的种子生产者、经营者核发种子生产许可证或者种子经营许可证的，对直接负责的主管人员和其他直接责任人员，依法给予行政处分；构成犯罪的，依法追究刑事责任。

第七十一条　种子行政管理人员徇私舞弊、滥用职权、玩忽职守的，或者违反本法规定从事种子生产、经营活动的，依法给予行政处分；构成犯罪的，依法追究刑事责任。

第七十二条　当事人认为有关行政机关的具体行政行为侵犯其合法权益的，可以依法申请行政复议，也可以依法直接向人民法院提起诉讼。

第七十三条　农业、林业行政主管部门依法吊销违法行为人的种子经营许可证后，应当通知工商行政管理机关依法注销或者变更违法行为人的营业执照。

第十一章　附　　则

第七十四条　本法下列用语的含义是：

1. 种质资源是指选育新品种的基础材料，包括各种植物的栽培种、野生种的繁殖材料以及利用上述繁殖材料人工创造的各种植物的遗传材料。

2. 品种是指经过人工选育或者发现并经过改良，形态特征和生物学特性一致，遗传性状相对稳定的植物群体。

3. 主要农作物是指稻、小麦、玉米、棉花、大豆以及国务院农业行政主管部门和省、自治区、直辖市人民政府农业行政主管部门各自分别确定的其他一至二种农作物。

4. 林木良种是指通过审定的林木种子，在一定的区域内，其产量、适应性、抗性等方面明显优于当前主栽材料的繁殖材料和种植材料。

5. 标签是指固定在种子包装物表面及内外的特定图案及文字说明。

第七十五条　本法所称主要林木由国务院林业行政主管部门确定并公布；省、自治区、直辖市人民政府林业行政主管部门可以在国务院林业行政主管部门确定的主要林木之外确定其他八种以下的主要林木。

第七十六条　草种、食用菌菌种的种质资源管理和选育、生产、经营、使用、管理等活动，参照本法执行。

第七十七条　中华人民共和国缔结或者参加的与种子有关的国际条约与本法有不同规定的，适用国际条约的规定；但是，中华人民共和国声明保留的条款除外。

第七十八条　本法自 2000 年 12 月 1 日起施行。1989 年 3 月 13 日国务院发布的《中华人民共和国种子管理条例》同时废止。

附录二
农作物种子标签管理办法

(《农作物种子标签管理办法》业经2001年2月13日农业部第一次常务会议通过，现予发布施行。)

第一章　总　则

第一条　为了加强农作物种子标签管理，规范标签的制作、标注和使用行为，保护种子生产者、经营者、使用者的合法权益，根据《中华人民共和国种子法》的有关规定，制定本办法。

第二条　在中华人民共和国境内销售（经营）的农作物种子应当附有标签，标签的制作、标注、使用和管理应遵守本办法。

第三条　本办法所称的标签是指固定在种子包装物表面及内外的特定图案及文字说明。

对于可以不经加工包装进行销售的种子，标签是指种子经营者在销售种子时向种子使用者提供的特定图案及文字说明。

第二章　标注内容

第四条　农作物种子标签应当标注作物种类、种子类别、品种名称、产地、种子经营许可证编号、质量指标、检疫证明编号、净含量、生产年月、生产商名称、生产商地址以及联系方式。

第五条　属于下列情况之一的，应当分别加注：

1. 主要农作物种子应当加注种子生产许可证编号和品种审定编号；

2. 两种以上混合种子应当标注“混合种子”字样，标明各类种子的名称及比率；

3. 药剂处理的种子应当标明药剂名称、有效成分及含量、注意事项；并根据药剂毒性附骷髅或十字骨的警示标志，标注红色“有毒”字样；

4. 基因种子应当标注“转基因”字样、农业转移基因生物安全证书编号和安全控制措施；

5. 进口种子的标签应当加注进口商名称、种子进出口贸易许可证书编号和进口种子审批文号；

6. 分装种子应注明分装单位和分装日期；

7. 种子中含有杂草种子的，应加注有害杂草的种类和比率。

第六条　作物种类明确至植物分类学的种。

种子类别按常规种和杂交种标注，类别为常规种的，可以不具体标注；同时标注种子世代类别，按育种家种子、原种、杂交亲本种子、大田用种标注，类别为大田用种的，可以不具体标注。

品种名称应当符合《中华人民共和国植物新品种保护条例》及其实施细则的有关规定，属于授权品种或审定通过的品种，应当使用批准的名称。

第七条　产地是指种子繁育所在地，按照行政区划最大标注至省级。

进口种子的产地，按《中华人民共和国海关关于进口货物原产地的暂行规定》标注。

第八条　质量指标是指生产商承诺的质量指标，按品种纯度、净度、发芽率、水分指标标注。

国家标准或者行业标准对某些作物种子质量有其他指标要求的，应当加注。

第九条　检疫证明编号标注产地检疫合格证编号或者植物检疫证书编号。

进口种子检疫证明编号标注引进种子、苗木检疫审批单的编号。

第十条　生产年月是指种子收获的时间。年、月的表示方法采用下列的示例：2000年7月标注为2000-07。

第十一条　净含量是指种子的实际质量或数量，以千克（kg）、克（g）、粒或株表示。

第十二条　生产商是指最初的商品种子供应商。进口商是指直接从境外购买种子的单位。

第十三条　生产商地址按种子经营许可证注明的地址标注，联系方式为电话号码或传真号码。

第三章　制作、使用和管理

第十四条　标签标注内容应当使用规范的中文，印刷清晰，字体高度不得小于1.8mm，警示标志应当醒目。可以同时使用汉语拼音和其他文字，字体应小于相应的中文。

第十五条　标签标注内容可直接印制在包装物表面，也可制成印刷品固定在包装物外或放在包装物内。作物种类、品种名称、生产商、质量指标、净含量、生产年月、警示标志和“转基因”标注内容必须直接印制在包装物表面或者制成印刷品固定在包装物外。

可以不经加工包装进行销售的种子，标签应当制成印刷品在销售种子时提供给种子使用者。

印刷品的制作材料应当有足够的强度，长和宽不应小于12cm×8cm。可根据种子类别使用不同的颜色，育种家种子使用白色并有紫色单对角条纹，原种使用蓝色，亲本种子使用红色，大田用种使用白色或者蓝红以外的单一颜色。

第十六条　种子标签由种子经营者根据本办法印制。认证种子的标签由种子认证机构印制，认证标签没有标注的内容，由种子经营者另行印制标签标注。

第十七条　包装种子使用种子标签的包装物的规格，为不再分割的最小的包装物。

第十八条　违反本办法有关规定的，按《种子法》第六十二条的规定予以处罚。

第四章　附　则

第十九条　《种子法》第三十二条要求种子经营者向种子使用者提供的种子简要性状、主要栽培措施、使用条件的说明，可以印制在标签上，也可以另行印制材料。

第二十条　本办法所称混合种子是指不同作物种类的种子混合物或者同一作物不同品种的种子混合物或者同一品种不同生产方式、不同加工处理方式的种子混合物。

第二十一条　本办法由农业部负责解释。

第二十二条　本办法自发布之日起施行。本办法发布前制作的标签与本办法规定不符的，可以延用至 2001 年 6 月 30 日。

附录三
蔬菜作物种子的质量标准

1. GB 16715.1—1996《瓜菜作物种子　瓜类》

（1）范围

本标准规定了西瓜、冬瓜种子的质量要求、检验方法和检验规则。适用于生产和销售的瓜类作物种子。

（2）标准的说明

该标准依据 GB/T 3543.1～3543.6—1995《农作物种子检验规程》，通过大量的、多年的试验研究、典型调查、抽查结果，对瓜类作物种子质量标准（即纯度、净度、发芽率、水分等四项指标）进行了修订。种子级别原则上采用常规种不分级，杂交分一级、二级。相关定义、检验方法、检验规则与禾谷类作物种子质量标准相同。

（3）质量要求（见附表 1）

附表 1　瓜类作物种子质量指标

作物名称		级别	纯度/% 不低于	净度/% 不低于	发芽率/% 不低于	水分/% 不高于
西瓜	亲本	原种	99.7	99.0	90	8.0
		良种	99.0			
	杂交种	一级	98.0	99.0	90	8.0
		二级	95.0			
冬　瓜		原种	98.0	99.0	60	9.0
		良种	96.0		70	

2. GB 16715.2—1999《瓜菜作物种子　白菜类》

(1) 范围

本标准规定了白菜杂交种（结球）、大白菜（结球）、白菜（不结球）种子的质量要求、检验方法、检验规则。本标准适用于生产和销售的白菜类作物种子。

(2) 标准的说明

本标准在对我国白菜类种子质量现状进行广泛调查和大量试验研究的基础上，对 GB 8079—1987《蔬菜种子》中的大白菜（结球）、白菜（不结球）的种子质量标准进行修订，同时制订杂交大白菜（结球）的种子质量标准。标准项目仍为品种纯度、净度、发芽率和水分。由于检验检验方法和判定标准的改变，发芽率改为幼苗鉴定法，故较修订前的数值有所降低，净度采用快速法，故修订后的数值提高，水分的标准值变化不大。本标准由中华人民共和国农业部提出。本标准由全国农作物种子标准化技术委员会归口。相关定义同《禾谷类作物种子质量标准》；检验方法、检验规则与《粮食作物种子　燕麦》质量标准相同。

（3）质量要求（见附表 2）

附表 2　白菜类作物种子质量指标

名　称		级别	纯度/% 不低于	净度/% 不低于	发芽率/% 不低于	水分/% 不高于
结球白菜 （大白菜）	亲　本	原种	99.9	98.0	75	7.0
		良种	99.0			
	杂交种	一级	98.0	98.0	85	7.0
		二级	96.0			
	常规种	原种	99.0	98.0	85	7.0
		良种	95.0			
不结球白菜 （白菜）		原种	99.0	98.0	85	7.0
		良种	95.0			

3. GB 16715.4—1999《瓜菜作物种子　甘蓝类》

（1）范围

本标准规定了甘蓝、杂交甘蓝、球茎甘蓝、花椰菜种子的质量要求、检验方法、检验规则。本标准适用于生产和销售的甘蓝类作物种子。

（2）标准说明

本标准在对我国当前甘蓝类种子质量进行广泛抽样检查和大量试验研究的基础上，对 GB 8079—1987《蔬菜种子》中的甘蓝、花椰菜种子质量标准进行修订，同时制订杂交甘蓝、球茎甘蓝（苤蓝）的种子质量标准。标准项目仍为品种纯度、种子净度、发芽率和水分。本标准中，种子质量级别减少，常规种不分级，四项指标各定一个标准值：纯度、净度、发芽率定最低指标，水分规定最高限度。杂交种以纯度为准分两级，其余三项同常规种。由于检验方法和判定标准的改变，发芽率改为幼苗鉴定法，故修订后的数值降低；净度采用快速法，故修订后的数值提高。水分的标准值变化不大。本标准由中华人民共和国农业部提出。本标准由全国农作物种子标准化技术委员会归口。相关定义同《禾谷类作物种子质量标准》，检验方法、检验规则与《粮食作物种子　燕麦》质量标准相同。

（3）质量要求（见附表 3）

附表 3　甘蓝类作物种子质量指标

名称		级别	纯度/% 不低于	净度/% 不低于	发芽率/% 不低于	水分/% 不高于
甘蓝	亲本	原种	99.9	98.0	70	7.0
		良种	99.0			
	杂交种	一级	96.0	98.0	70	7.0
		二级	93.0			
	常规种	原种	99.0	98.0	85	7.0
		良种	95.0			
球茎甘蓝		原种	99.0	98.0	85	7.0
		良种	95.0			
花椰菜		原种	99.0	98.0	85	7.0
		良种	96.0			

4. GB 16715.5—1999《瓜菜作物种子　叶菜类》

（1）范围

本标准规定了芹菜、菠菜、莴苣种子的质量要求、检验方法、检验规则。本标准适用于生产和销售的叶菜类作物种子。

（2）标准说明

本标准在对我国当前叶菜类种子质量进行广泛抽样检查和试验的基础上，并参照国际上一些先进国家或有关机构制定的该作物种子质量标准，对 GB 8079—1987《蔬菜种子》中的芹菜、菠菜和莴苣种子质量进行修订。修订后的叶菜类种子质量标准的参数仍包括品种纯度、种子净度、发芽率和水分。叶菜类种子质量标准不分级，四项参数各定一个指标，原种纯度指标参照国际有关标准。

本标准由中华人民共和国农业部提出。本标准由全国农作物种子标准化技术委员会归口。相关定义同《禾谷类作物种子质量标准》，检验方法、检验规则与《粮食作物种子　燕麦》质量标准相同。

（3）质量要求（见附表 4）

附表 4　叶菜类作物种子质量指标

名称	级别	纯度/% 不低于	净度/% 不低于	发芽率/% 不低于	水分/% 不高于
芹菜	原种	99.0	95.0	65	8.0
	良种	92.0			

续表

名　称	级别	纯度/% 不低于	净度/% 不低于	发芽率/% 不低于	水分/% 不高于
菠菜	原种	99.0	97.0	70	10.0
	良种	92.0			
莴苣	原种	99.0	96.0	80	7.0
	良种	95.0			

5. GB 16715.3—1999《瓜菜作物种子　茄果类》

(1) 范围

本标准规定了茄子、辣椒、番茄种子及其杂交种子的质量要求、检验方法、检验规则。本标准适用于生产和销售的茄果类作物种子。

(2) 标准说明

本标准在对我国当前茄果类作物种子的常规种和杂交种种子质量进行广泛抽样检查和试验的基础上，并参考国际上一些先进国家或有关机构制定的该作物种子质量标准，对GB 8079—1987《蔬菜种子》中的茄子、辣椒和番茄种子质量标准进行修订，并制定出相应的杂交种种子质量标准。

本标准中，种子质量级别减少：常规种的良种级别由原来的三级改为不分级；杂交种种子质量以纯度为准分为两级，其余三项分别定一个指标。原种纯度指标参照国际有关标准。相关定义同《禾谷类作物种子质量标准》，检验方法、检验规则与《粮食作物种子　燕麦》质量标准相同。

(3) 质量要求（见附表5）

附表5　茄果类作物种子质量指标

名　称	项目	级别	纯度/% 不低于	净度/% 不低于	发芽率/% 不低于	水分/% 不高于
茄　子	亲　本	原种	99.9	98.0	75	8.0
		良种	99.0			
	杂交种	一级	98.0	98.0	85	8.0
		二级	95.0			
	常规种	原种	99.0	98.0	75	8.0
		良种	96.0			

续表

名　称	项目	级别	纯度/% 不低于	净度/% 不低于	发芽率/% 不低于	水分/% 不高于
辣　椒	亲　本	原种	99.9	98.0	75	7.0
		良种	99.0			
	杂交种	一级	95.0	98.0	80	7.0
		二级	90.0			
	常规种	原种	99.0	98.0	75	7.0
		良种	90.0			
番茄	亲　本	原种	99.9	98.0	85	7.0
		良种	99.0			
	杂交种	一级	98.0	98.0	85	7.0
		二级	95.0			
	常规种	原种	99.0	98.0	85	7.0
		良种	95.0			